U0047453

世界一流菁英的77個最強工作法

IQ、學歷不代表工作能力，
是習慣和態度讓人脫穎而出！

最強の働き方
世界中の上司に怒られ、
凄すぎる部下・同僚に学んだ77の教訓

金武貴｜著
張佳雯｜譯

時報出版

各界推薦

對於一位成熟的大人來說，「做自己」的真諦不是任性妄為，而是在不同的場域扮演好專屬的角色！我教書也經營公司，「上班就是一門上台的藝術」是我常常提醒學生與員工的。職場中我們不時留意到，有些人擅長扮演「好學生」的角色，學歷出眾；有些人擅長扮演「聰明人」的角色，ＩＱ一流。但是到了職場卻意外的表現平庸，甚至差強人意，這中間遺漏的一塊拼圖，就是所謂的「工作智商」。

家庭、學校教會我們扮演各種角色，但如何扮演「專業工作者」卻有賴我們自己去摸索。這本書提供了不少操作面的細節，能幫助我們更稱職的扮演好專業工作者的角色，為人生成就精彩的一幕！

——**姚詩豪　「大人學」共同創辦人**

與其說它是一本提升職場工作法的書籍，不如說是它是一本預知自己職場黑夜即將來臨，卻又茫然無所適從時，茫茫道路上的五款共七十七隻手電筒。任選其中一隻，都有可能在徬徨無助時，讓您找到職場或人生光明的出口。

——**謝文憲　知名講師／作家**

常常聽人說，學歷不等於工作能力。那麼工作能力到底怎麼培養呢？

我想除了自己的經驗之外，最快速的方法就是效法高手們的工作方式了。市面上有很多商業書，總說很多成功人士的故事，卻沒有提到太多實用方法，或讓我們覺得離得太遠。

而這本《世界一流菁英的77個最強工作法》，作者用自己的或身邊的例子說明，讓我常常在心中自省：糟糕，這壞例子就在說我……但是還好作者也同時提出了改善方法和效法對象，能夠讓我重新思考工作與自我實現的結合。

推薦這本書給大家，也許我們都還沒成為一流菁英，但至少學會他們的工作方法，能夠讓我們更上一層樓！

——**張忘形　溝通表達培訓師**

前言

比頭腦和學歷更重要的「工作IQ」要如何提升？
——在世界各地震撼教育下學到的七十七個啟示

「頭腦好和工作能力好似乎是兩回事呢……說起來應該是『工作IQ』……」

在汶萊，我和一位很尊敬的經營者安元先生（化名，五十二歲）一邊吃著早餐，一邊評論各個知名企業家。

我們聊到某位經營者，是東大法律系畢業，取得名校的MBA，在知名企業非常活躍，看起來就是典型的菁英份子。但是仔細觀察，就會發現他「勞而無功」，所有的職場都只待了一兩年就被解雇。

像這類學經歷漂亮，但是卻一事無成的人還真多。

各位環顧職場，學經歷顯赫，表現卻不太出色，說極端一點，就是工作能力很差的一定不少（我就先不問你是怎麼樣的了）。

相反的，不是知名大學出身，有的甚至連大學都沒畢業，但是在商場上卻做得有聲有色，大家也都公認表現有著高水準的一流專業人士也不少。

會不會讀書的ＩＱ，和能不能展現最佳工作水準的「工作ＩＱ」不一樣，當我們的討論確立了這個概念，我嘴裡塞滿了歐姆蛋，在飯店的餐廳裡興奮得手舞足蹈。

本書目的

在自己選擇的道路上，展現最佳工作水準

——菁英不是被選中，而是選擇屬於自己的天職

本書的目的，一言以蔽之，就是針對在可以自我實現的領域，「怎麼做才能展現一流工作水準」的疑問，提出具體的行動方針。

我將本書宗旨匯整為五個要點，聚焦於「工作方式」和「生活方式」，七十七條法則就歸納在這五章中。

第1章　一流的基本功（Basic）
第2章　一流的自我管理（Discipline）
第3章　一流的心理素質（Mindset）
第4章　一流的領導力（Leadership）
第5章　一流的自我實現（Self-realization）

所謂的「一流」，在這裡的意思是，不論在哪個產業，都能在自己的領域展現最高水準的專業人士。

要在自己的工作上展現最高水準，我從「基本功」、「自我管理」、「心理素質」、「領導力」、「自我實現」這五個角度切入，讓行動方針可以具體落實，就是本書的目的。

這七十七條法則，是嚴選不論ＩＱ或學歷，任何人都可以實踐的基本且具體的行動。換言之，即使聰明絕頂、學歷傲人，如果做不到這些，就無法把工作做好。相反的，只要能夠做到這幾點，即使ＩＱ、學歷沒有特別高，一樣能表現出色。

•••本書特色•••

將全球各行各業都重視的「工作的基礎」濃縮於一冊

特色１——在被教訓、提醒、佩服中，學習工作的基礎

本書寫的不是我個人的工作方式，而是我受到世界一流商業人士的教訓、提醒後，令我深感佩服的「工作方式」和「生活方式」。我將許多人正在實踐的法則匯整於一本書中。

我把在新加坡、香港、法國等地，從世界一流專業人士身上得到的啟示，有系統的寫出來。

截至目前為止，我接觸過私募股權、上市股票資產管理、顧問、投資銀行、海外MBA等廣泛領域的專家，每一段職場經歷都和各種產業的客戶、商業人士一起工作。我共事的人不局限於金融圈或顧問業，產業極其多樣。

為了將我學到的這些教訓更貼近真實，書中會具體描寫個別的狀況和人物，但實際上這些都是廣泛業界一流專業人士共通的「工作的基礎」。

為避免大家誤會，要先在此聲明，雖然我寫出了「最強工作法」一書，並非表示自己有多厲害，書中提及傳授給我許多寶貴經驗的人們真的都很優秀，是我非常想讓大家認識的世界一流專業人士。

很多書都是從高高在上的角度，介紹麥肯錫之類的外商菁英的工作方式，但是將自己在世界各地受到的教訓，以及值得尊敬的同事的生活方式寫成一本書，應該是前所未聞。

特色 2——不是「天上的理想」，而是「地上的現實」

本書的第二個特色是「切身相關」，提升職涯的可實現性很高。

本書並非描繪遙遠未來的「脫離現實的高階精神論」，而是可以立刻執行的「具體目標」與「實行計畫」。

知名學者或成功企業家所寫的書很容易流於「天上的理想」，但本書不論是新進員工、主管、老闆，所有的人都在討論範圍之列，是具體的「地上的現實」。

市面上的商業書籍，有關培養優秀經營者的領導統御主題不勝枚舉，不過，以現實狀況來說，與其以松下幸之助、比爾．蓋茲為目標，大部分的人應該還是以獨當一面的員工、有能力的經理、受尊敬的上司為目標。

本書的目的，是讓所有有心想要成為傑出領導者的人，無論階層，從員工到經理、上司，都能找到屬於自己的篇章。

關心商業基本功的人可以讀第一章、第二章。已經是公司中堅社員，要過渡到一流商業人士的人可以讀第三章。不想只當菁英社員，還想成為公司領導者，想更上一層樓的人可以讀第四章。如果已經從職場畢業，想要追求超越工作的自我實現，請讀第五章。

對於已經累積了很多經歷的人，本書的前半部可能會覺得太過初級，但隨著章節發展，慢慢的，眼界也會拉高，內容更深。讀者可以配合各自職涯階段優先選讀適合的章節。

特色3——任何人都可以實踐的內容

本書的第三個特色是任何人都可以實踐的「通用性」和「實踐性」。不管你的職場是麥肯錫、高盛，或是地方中小企業、公家機關，本書寫的是在任何組織都能實踐的具體事項。

讀者從書中得到的啟示，會是非常本質的東西，適用於各行各業。

如果只是寫個人的特殊能力，或是特殊產業的工作方式，看完也只能讚嘆「哇，好厲害」就沒有下文。說到「麥肯錫之道」或「哈佛流」之類，很多人都會覺得是老生常談，對讀者來說，**如果沒有可以實踐的著力點，就算不上是有用的行動方針**。

書中每一條法則，都是我走訪世界各地，確認過普遍性之後才寫下來。不論是在巴黎、阿布達比高級飯店參加投資者會議，或是走在孟買世界最大的貧民窟小巷，我都不斷自問：「這些人讀了之後，會覺得有意義嗎？」

我在寫這本書的同時，一邊想像在福井縣建設公司工作的事務員、在京都經營不動產的親戚大叔，一邊以高標準審視：「我寫的真的是通用性高又不古板的『一流的本質』嗎？」

經過不斷的推敲，我將「少部分聰明絕頂的天才或超級富豪才能做的事」從書中剔除，確保書中一字一句都具備放諸四海皆準的「普遍性」和「實踐性」。

我跟大家約定，本書絕對不會像一般常見的商業書，把具有特殊天分、在優渥環境下開花結果的個別情況當成一般通則，強行灌輸給讀者，讀完之後就沒有下文。

徹底追求易讀性

為了讓本書容易閱讀，我在「易讀性」上下足了工夫。不少聰明傑出的人雖然寫出很棒的內容，卻不太容易讀懂。

從那些我遠遠不及、我非常尊敬的同事和上司，還有優秀部屬身上所得到的啟示，不是困難的抽象理論，而是以故事、對話形式呈現，加強臨場感，增進易讀性，在這方面我費盡心思。

而且，為了容易記憶，方便再次確認，我在各章的開頭會提示關鍵字，章末還有重點整理，讀者可以再次複習、確認。

除了書中的內容，文章的細節、標點符號，一字一句都經過我一一確認。

對於文字的講究程度，甚至希望這本書被歸為藝文書，而非商業書，還期待能拿個搞笑諾貝爾獎之類。

希望討厭書、討厭商業書的人也愛讀——厭惡商業書的作者所寫的超值作品

我每次到書店都會很震驚，相同類型的書多到不可勝數，根本不知道該選哪一本，還沒買之前就失去鬥志。

面對眾多書籍，各位是不是也會有這樣的感覺？

- 很多商業書、自我啟發書，都是老生常談，艱澀卻言之無物
- 內容缺乏順序和結構，主題龐雜，沒有邏輯
- 將作者個人的經驗當成通則，以命令的口吻、高高在上的角度，強加在其他人身上
- 同一個作者請寫手寫出一大堆內容相仿的作品

- 書腰上印著「接觸一萬個客戶的體悟」、「本書可以改變人生」、「只要三小時就能精通」、「九九%的理解、一%的祕訣」等等讓人覺得太誇張的奇怪標語
- 雖然看起來有兩百多頁，但實際上空白頁很多，沒什麼內容
- 只有精華部分有趣，其餘內容都馬馬虎虎
- 太多書不知道該怎麼選，並非暢銷書就是好書
- 希望有一本書包含所有重要觀念，具有一再閱讀的價值

我在執筆的時候有特別注意到這些問題。

讀者在百忙之中特地拿起這本書，我抱持著由衷敬意，如果沒有竭盡所能，那就太對不起各位了。

要是沒有無論如何都想要分享的熱情及附加價值，對於盤商、書店，甚至是提供製紙原料的森林，我都覺得應該下跪道歉。

本書要讓對商業書不再抱持期待的人，以及存有嘲諷心態，覺得工作能力不佳才需要看商業書的人，都能有值回票價的感受。

經過兩年以上的時間走訪世界各地，我將在各地網絡與長年職涯中得到的教訓集結於這本書中，將近四百頁的分量，是一般書籍的兩倍。

我是以一百萬本為目標，在責任編輯中里有吾不斷叨唸：「不要再講究一些人家不會注意到的細節了！」之下完成本書。

我保證，這本書是我耗盡兩年多時間的嘔心瀝血之作，將經年累月的國際經驗所學到的教訓，精煉濃縮而成。

我在作品的呈現上也有所堅持，從接續詞到標點符號都字斟句酌，打字力道之強勁，連東芝電腦鍵盤上的O字母都敲壞了。

・・・・・・・
本書的目標讀者

學習專業人士「工作的基礎」的最佳教材

——從新進員工到經營團隊、創業家、學生、退休人士都是目標讀者

希望本書是進商學院前必讀的一本書。

但是，進商學院之後也要看。

還有，不想去商學院的人也要看。

結論就是，希望所有人都能讀這本書，尤其是下列人士：

- 不管多好的書，不有趣就絕對不看
- 認為學歷、IQ與工作能力無關
- 想要了解一流商業人士都在實踐的「工作的基礎」
- 對於未來職涯、找工作、換工作，還搞不清楚想要什麼
- 正在思考許多一流商業人士也都在煩惱的自我實現方法
- 想搶先學習在世界一流職場上被主管怒斥所學到的教訓
- 沒跟到好主管，在職場上無法有所成長而焦慮不已
- 為了保持競爭優勢，想持續高品質的學習
- 想要帶領他人，獲得周圍的信賴與支援
- 相較於社會菁英，更想成為自己人生的主宰
- 人生只有一次，不在乎年齡，想挑戰新事物

- 尋找商業書、自我啟發書，想送給重要的人
- 想要舉辦有成效的員工訓練、商業課程

本書不論對於新人、中階、老手而言，都是進修或新人研習課程最適合的教材。

書中收錄各行各業上司最想傳授給部屬知道的事情，哪些事項要注意、哪些事情不能做，以及想提供什麼樣的建議。

從書中可以先學習往後數十年職涯中很多重要的事情。

對於管理職或位居指導之位的人來說，書中也有關於如何成為優秀領導者的內容，集結了許多部屬最希望擁有的上司、值得尊敬的上司的共通點。

包含考慮在不久的將來創業的人、正在找工作的學生、已經退休的人，所有在思考自己真正想做什麼的人，應該都能從中得到啟發。

相對的，本書也希望有些人不要看。

「只要讀了這本書，人生就會大不同」、「內容最好全部都是從來沒有看過的新見解」、「書上寫的跟自己的情況完全吻合」——如果你對書的要求是如此，那麼我希望你不要購買，也不要在書店裡白費心力，因為世界上根本沒有這種書存在。

作為「最強工作法」教科書
——比起新奇，更重視「本質」與「完整度」

本書作為工作法的教科書，重視的是「本質」與「完整度」。

對於商業書，如果只追求「新奇」或「有求必應」，那就太浪費了，聰明的讀者應該會察覺到這一點。

本書不是介紹新奇但不實用的內容，而是堅持將最重要的的本質，完美的收錄於書中。

我認為，好書不光是傳達新穎的訊息，不能只是有趣，還必須具備「本質」與「完整度」，再加上能否實踐的現實利益，書籍應該擔負著讓讀者看到新世界的角色。

除了充實腦袋，還能感動心靈，懷著這樣的意識並有技巧的融入書中，和能否成就一本好書息息相關。

本書不是脫離現實的精神論、學術論，而是世界一流專業人士實際的工作方式與生活方式，將真正在工作上獲得成功和自我實現所需要的高優先順位的基本要素與具體事項，以訴諸直覺的形式介紹。

與其在商學院學習蒙地卡羅模擬法，還不如在看到電子郵件的當下就馬上回信還比較有出人頭地的機會。

與其用行銷4P製作圖表，還不如把頭抬起來，看看顧客需要什麼更重要。

與其學DCF或實質選擇權，還不如學如何使用白板或金字塔結構圖，會更接近最強工作法。

最後，相較於在知名企業拚命競爭，不如捫心自問自己到底喜歡什麼、擅長什麼，人生會更加豐富。

本書的內容都是極為本質的，如果讀者能定期拿出來閱讀，作為「工作法」與「自我實現」的教科書，是作者我最大的榮幸。

在撰寫這本書時，我是抱持著想送珍視的每個人的心情，如果讀者在閱讀之後，能夠分享給家人、朋友、同事、後輩、上司，那就是我莫大的幸運。

希望本書能給充滿上進心的讀者持續的幫助，陪你踏上尋找「最強工作法」的旅程。

第1章

一流的基本功

與其追求未知的祕訣，不如徹底落實已知的基本功 035

CONTENTS

第2章

一流的自我管理

第3章

一流的心理素質

一流與二流之間的關鍵差異 155

第4章

一流的領導力

第5章

一流的自我實現
了解自己，讓自己自由 267

1

一流的基本功

與其追求未知的祕訣，
不如徹底落實已知的基本功

Basic

「這個人杯子到底要擦多久啊……」

有一家我很喜歡、也經常光顧的酒吧，看著站在櫃檯的橋本律子小姐（化名，三十五歲）工作的模樣，我忍不住冒出這句話。

即便如此，她仍然非常仔細的擦拭玻璃杯。

她透過光線一次次確認是否還殘留水痕或指痕，眼神認真到彷彿鑽石鑑定師一般，持續擦拭著杯子。

幾乎到了讓人覺得「再繼續擦下去，杯子就會起火爆炸，說不定還會造成這一帶火山爆發」的程度，她全心全意的進行這項單調的作業。

其實毫無例外，一流的餐廳每一樣餐具都很乾淨，桌面、櫃台，店內每個角落都一塵不染，連廁所也清潔到讓人咋舌。像這樣徹底重視基本功的態度，是任何業界一流的共通點。

舉個例子來說，我因為各種原因經常造訪迪士尼樂園，在迪士尼樂園，地上看不到任何垃圾，工作人員很高比例都是親切且笑容可掬。星巴克、麗池卡爾登飯店、四季飯店，無關消費價格高低，這是提供一流服務的企業的共通點。

以大家都很愛看的格鬥競賽來說，相撲的大橫綱都是穩穩的蹲好馬步，重心放低，冠軍拳擊手的基本步法也不會讓對手輕易接近。

不管任何職業，想要成就一流的工作，就要從一流的基本功開始累積。

不論是上班族或是學生，任何人都適用的工作基本功到底是什麼？

對於我們來說，必須擦得亮晶晶的杯子，就是每天工作的基本作業，例如每一封電子郵件、每天要做的資料、例行性的報告。

本章就是以提高「基本中的基本作業」的完成度為目的。

書寫	說話	整理
1 寫電子郵件	4 說話方式	6 整理整頓
2 寫筆記	5 簡報	
3 製作資料		

書寫、說話、整理，你不可能找得到不需要這些基本功的地方。乍看都是基本中的基本，但所謂的基本，就是因為很普遍，所以才稱為基本，追求標新立異完全沒有意義。

有些人為了尋找「平常沒發現的祕訣」、「以前不知道的工作法」而到書店，但更重要的是，**將焦點轉移到那些你已經知道卻沒有在做的「真正重要的基本功」上，並徹底落實**。

例如，看一流人士寫的電子郵件，清晰的思維在文章中完整呈現，論述明確，分類與重點、實行計畫都清清楚楚。

拿筆記來比較，一流專業人士不會有所遺漏，利用金字塔結構圖整理得有條不紊。即使只是一份資料，一流的人寫出來的就是簡潔有力又明確。

他們說話的時候聲音穩重低沉，平緩確實。簡報的時候邏輯與熱情絕妙組合，想要表達的內容，在邏輯上和感情上都很清楚。

再加上他們不會有多餘的動作，做任何事都整理得井然有序，想要什麼都能比別人更快取得。

人們經常會問：「一流的人和不入流的人差異在哪裡？」

一流的人並不是做了什麼新奇、前所未聞、超高難度的事情。

沒有人知道的祕寶並不存在，歸根究柢，是每一個已知的基本功的完成度天差地遠。

就讓我們來一一檢視這些通用性非常高，而且意義深遠的一流工作的基本功，來一場靈感不斷的旅程。

1

寫電子郵件

能力越好的人，回信越快

——一流的人「能做的事」會馬上辦

「喔，對方回覆了。才一眨眼的工夫就回覆，我也不能被比下去，我回信要快到讓對方都嚇一跳，你等著瞧！」

說到工作能力好的人寫電子郵件特點，第一個會想到的就是回信速度很快。

事實上，本書的責任編輯東洋經濟的中里有吾就是這種類型，像是打乒乓球一樣，瞬間就回信。

即使很忙，無法立即回覆的時候，也會迅速告知：「謝謝您的來信。現在因為××無法立即回信，○○日以前會詳讀您的來信並回覆。」

回信太遲會讓人產生「難道對方看不起我」的不信任感，沒有回信更會留下失禮的印象，這種小事情累積下來，會大大影響對方對你的感受和評價。

尤其是有上下關係的上司或長輩，年輕一輩這種沒有禮貌的行為，很容易引起反感。

和別人見面後，先發制人送出「很榮幸與您會面」的郵件也是基本之道。道謝的有效期間很短，盡可能在當天，最遲在隔天送上「謹此致謝」的電子郵件，更有威力。

見面後如果先收到對方的致謝函，心中可以舉起白旗承認失敗，但下次就應該要比別人快一步寄送謝函。

從回信的速度可以判斷整體工作能力

你可能會認為，只是回信的速度而已，但這卻是可以見微知著，如實反映是否有「今日事今日畢」的習慣。

回信速度慢吞吞的人，工作進度大抵上也是拖拖拉拉，經常超過最後期限，不管交辦什麼工作，最後都會發生延遲狀況。

有專注力、責任感，能夠委以重任、體察對方心思的人，大體而言回信速度都很快。事實上，從一封信就可以推測其他方面的工作能力。

親愛的讀者們，擇日不如撞日，現在不是看書的時候，請立刻把書放回書架上最好的位置，馬上回覆那些堆積如山的電子郵件吧。

收到某人的來信，就想像自己正在參加世界桌球選手選拔賽，像福原愛一樣「殺！」的嘶吼，把信給打回去吧。

立刻回信這件事，可以看出是否具備不拖延工作的自制力，任何事情不是趕最後一刻，而是提前完成的自我規範，還有是否懷著敬意、為他人著想，和工作效率息息相關。

2

寫電子郵件

精簡信件字數

——追求零浪費、有效果的溝通

「武貴，電子郵件，尤其是英文信，要多用點心，同樣內容只要一半的字數就可以寫出來。英文是一種很容易突顯重複字眼和拙劣措詞的語言。」

在我還是新手的時候，好幾次都被如此指導。

尤其英文的文章結構明確，所以工作能力好的人會全神貫注於排除不必要的重複語彙。有實力者才能寫得簡潔明瞭，而且如前一條原則，回信快速。

相較於花很多時間寫出又臭又長信件的二流工作者，呈明顯對比。

不限於信件，能寫出簡潔的文章，更有機會嶄露頭角。這也讓我想起以前把英文草稿送給曾經在哈佛或牛津專攻文學的美國人或英國人上司時，對方總是能非常完美的將文章濃縮成三分之一的篇幅，搖身一變成為內容簡潔、論述清晰、思慮深遠的文章。

我為朋友寫美國知名ＭＢＡ入學推薦函時，有個項目是：「這個人是否能寫出簡潔的文章進行溝通？」這麼說來，外商跨國企業的大老闆，很意外的不是商學院出身，而是以文學院、哲學院占多數，這絕非偶然。

「講究文章精簡」會大大左右工作能力。

首先影響到的就是客戶，客戶要在百忙之中看大量的文件，根本沒有時間看長篇大論。而且，一封冗長的信件，很容易失焦，重點就容易會被遺忘。

想想自己在閱讀別人寫的企畫案時，不也是如此嗎？

寫了一百頁密密麻麻的冗長報告，看起來沒有功勞也沒有苦勞，但是對方壓根不予理會。相反的，只用一張紙寫成的架構清晰、重點明確的企畫書，被閱讀和記得的機率都會提高。

寫作能力可以預測工作能力

順道一提，觀察我曾經任職的公司，傑出的經營高層總能寫出精簡、結構分明的文章，完全沒有餘詞贅字，而且切中要領，是穠纖合度的健康文章。

「傑出的人寫的文章都很簡潔」，我試著跟工作上的業界大老聊聊這個假說，對方也對「文章能力可以預測大部分的工作能力」表示贊同。

實際上，從一封電子郵件，就可以看出一個人的邏輯思考能力、論述能力、語彙能力，懂得省略無謂與重複，而且不會漏掉重點的「有效溝通能力」——不管你願不願意，這些全都會曝露出來。

日後大家在寫電子郵件的時候，篇幅請濃縮為一半，去除文章的贅詞。把充滿贅肉、但內容單薄的文章，瘦身一下，練出曲線吧。

六塊腹肌、鎖骨、曲線畢露的緊實文章，一定會讓別人對你的工作能力刮目相看。

3 寫筆記・・・

能力越強的人，越會寫筆記

——一流的工作不會有「疏漏」

「這個人一直猛抄筆記呢……」

在我還是新手的時候，我看那些工作能力出色的人，抄筆記的速度都很快。

完整的筆記，在提高工作安心感與信賴感上，絕對能發揮莫大的效果。

為了滿足顧客的需求，完全掌握對方說的內容是基本。要獲得上司的信任，交辦的事情當然不能有所遺漏。

工作出色、值得信賴的人，會給人「把工作交給他，他一定可以正確理解我說的話，並且毫無遺漏的實行」的安心感。

傳奇企業家傑克．威爾許曾說，經營的基本之道，就在於徹底分享資訊，以及言行合一。而在討論和實行層面，要讓人可以放心，最基本的就是「這個人不會聽漏我說的話，會好好記下來」的筆記能力。

特別是跟上司或客戶會談時，更要用心寫筆記，傳達出「您說的話很重要，一字一句我都不會漏掉」。

當然，如果做得太過頭，就會顯得像是在耍小聰明，即便如此，如果能像銀座的紅牌公關小姐一樣，注意表情自然，順口說出：「您說得實在太有趣了，容我記下來。」效果會好到讓人吃驚。

即便是沒有那麼重要的內容，一邊聽一邊寫筆記，讓對方覺得：「這種閒扯淡的話也聽得這麼認真。」你討人喜歡的程度立即倍增。

寫筆記的習慣不僅限於優秀的部屬，高竿的上司也都有這個共通點。乍看之下會覺得不可思議，但越是出色的人，即便在一般的會議或會談中，有什麼值得注意的事就記錄下來，這也突顯出「不放過任何一點值得學習的地方」、「既然都花了時間開會，一定要有所收穫」的學習習慣。

沒有比不寫筆記的部屬更讓人討厭

雖然工作能力會隨著年齡逐漸累積，但世界上沒有比不寫筆記的部屬更讓人討厭。不寫筆記，或是隨便亂寫一通，會讓人不禁質疑他的工作態度。

不要小看寫筆記這件事，寫筆記幾乎是所有行業、職位都需要具備的能力，所以，如果能做好這項基本功，就很吃得開了。完整寫筆記並分享給團隊，這項單純的作業如果能做得好，在公司裡就不會有什麼大問題。

寫筆記可以看出一個人的工作態度，突顯出「細心」、「專心」的特質，要特別銘記在心。

今後參加會議的時候，你應該要以讓眾議院院會的速記員都吃驚的速度，快速的記下會議內容。

如果能將筆記的內容以下一節介紹的方式整理，那是再理想不過，但是在這之前，筆記的「完整度」，不遺漏重點，就可以展現你的工作能力。

4

寫筆記

一流的筆記都是金字塔結構

——邏輯思考能力就在細節處展現

「這個人寫筆記很快，但卻不是完整的金字塔結構……」

不管在哪家公司，嶄露頭角的一流人才，他們共通點就是在寫筆記的同時，不單只是文字紀錄，還展現出有條不紊的邏輯架構。

舉個例子來說，顧問是需要以邏輯說明的工作，所以很多顧問基本上都有將事情以邏輯歸納的習慣。特別擅長邏輯思考的人，整理資訊的速度快得驚人。

我很佩服貝恩顧問公司的一位顧問，他參加任何會議都猛寫筆記。

「我是說了什麼了不起的話，一定得記下來嗎？」我一邊這麼揣想，一邊查閱他的筆記，發現他將沒有方向性、你一言我一語的內容組織起來，將資訊轉化為無懈可擊的金字塔結構。

即使我說了一些雜七雜八、意義不明的話語，他依然可以整理出一份矩陣圖。有時候我想表達的事情可能連自己都還一知半解，他依然能掌握到核心，立即將資訊整理成金字塔結構。

結構化的筆記是邏輯思考能力的象徵

一流人才的筆記可以直接拿來當會議紀錄，部屬也可以直接利用整理好的金字塔結構，作為簡報的素材。

這樣就不會浪費開會的時間，在會議結束的當下，會議紀錄就做好了，重點和下一步的計畫也都歸納完成。

不論做什麼工作，尤其在新手時期，經常被交辦負責會議紀錄，有的公司會議很多，光是做會議紀錄一天就過去了，所以提高每一次寫筆記的邏輯，對於提升團隊生產效率很重要。

從今天開始，寫筆記的時候請想像一下三千年前的埃及……

閉上雙眼，出現在你面前的是埃及豔后、圖坦卡門王，規模最大的金字塔的主人古夫王就在一旁微笑著。「你的筆記已經超越我的金字塔囉。」歷代埃及國王對你這麼說。

好好用心寫出金字塔結構的筆記，考古學家吉村作治教授來挖掘也會認可：「這金字塔真漂亮！」

5

寫筆記

以「白板王子」為目標！

——領導者的基本能力是把大家的想法串起來

一流商業人士使用白板很嫻熟。

各路人馬聚集在會議室，你一句，我一句，如果能巧妙使用白板，就能在短時間內將討論的重點整理成金字塔結構。如果要說，就像是將與會者的腦袋如同電腦連線一般，互相連結、合作，也像是智慧的交響樂的指揮。

腦力激盪下產生的點子，能夠在短時間內分類、歸納，並且製定實行計畫、找到負責人、訂下截止日期，整套都安排好，讓會議有所成效。

將來自四面八方沒有連貫性的發言，逐一在白板上歸納成金字塔結構或矩陣圖，這優雅的姿態不是白馬王子，而是「**白板王子**」。

出色的商業人士都很會利用白板，這是幾乎百發百中的鐵則。能夠將會議上的發言立即做出區分，不需要的資訊當下會顧及對方的面子，但是在腦袋裡就直接丟進垃圾桶。

透過白板，大家可以掌握議題的整體發展，在看著相同資訊的狀況下進行具生產性的討論。

白板達人擅長將議題「可視化」。麥肯錫或貝恩這類一流的顧問公司，會一邊引導發言，同時把各方論點的關連性寫在白板上，討論的時候就不會失焦。

在轉眼間就將概念可視化，所以那個人在想什麼、想傳達什麼都很明確。

另一方面，對於不擅長邏輯思考的人，白板也很容易變成雙面刃。

如果寫在白板上的內容結構鬆散，問題分析與對策全部混在一起，只會讓參與討論的人更加混亂。

如果你對於主持會議及彙整意見的能力有自信，就在會議或團體討論的時候，將想法彙整於白板上，當個「白板王子」吧。

連結與會者的想法，引導大家發言，並讓分歧的意見聚焦，這就是智慧型領導者的基本功。

製作資料

6 資料重點一張紙就夠

——一開始就要讓團隊掌握整體樣貌

「我不是說過好幾次了，要先讓我看到『整體』！」

初出茅廬的顧問經常會被上司如此叱責。也就是在製作簡報的時候，應該先建構出整體樣貌。如果大綱根本沒有得到認同，再怎麼講究細節，之後也很有可能會被翻盤，之前的努力就付諸流水。

我曾經在多家跨國企業工作，從一流顧問做到管理職的人，英雄所見略同，都會說「整體結構」非常重要。

說話提綱挈領的人，在談論細部之前，會一邊討論，一邊整理整體結構的重點。相反的，說話內容沒有大綱、也沒有次項和子項的人，毫無意外的，會突然深入細節。

一流商業人士沒有人會讓資料又臭又長。

工作能力好的人，製作的資料結構明確，內容簡潔，利用幾張關鍵圖表就能巧妙的呈現概念，傳達想說的事情。

相對的，工作能力差的人，對說話沒自信，經常準備大量的資料，以及無趣的「拉里荷圖表」（拉里荷是遊戲《勇者鬥惡龍》中催眠敵人的魔法），讓與會者都昏昏欲睡。

賈伯斯看了你的資料會說什麼？

一位我很尊敬的上司，曾經說了一段讓我永生難忘的話：

「我認為，簡報資料只要一頁就夠了。蘋果公司的廣告不就是完全沒有任何細節說明，只放蘋果的商標或是簡單的幾個單字？我們雖然是金融業，但是我想做的是『金融業的蘋果』，極為單純、極為簡短。」

工作能力好的人，不論是寫電子郵件或是做簡報，都會走極簡風，徹底追求「展現整體結構的資料」。

不管簡報資料篇幅有多長，第一頁都要先呈現大綱。在這一頁中，頭三行是重點中的重點，並且用一句話作為標題。

熬夜做了一百頁的資料卻看不到「骨幹」，這種彷彿是代謝症候群末期的簡報資料，老闆絕對想叫你打包走人。今後，每次在製作簡報的時候，要像旁邊就坐著賈伯斯，想像一下他的反應，用心做出一張紙、一句話就能說出重點的資料。

賈伯斯的名言「Stay Hungry, Stay Foolish」，還要加上一句「Stay Simple」。

7

製作資料

魔鬼藏在「細節」裡

——小錯誤也要覺得大羞恥的責任感

「你印出來的資料沒有對齊！你要考慮到讀者的感受，把紙張排好，裝訂好！」

這是我二十出頭在一家外商金融公司工作的時候，對於我做到半夜三點才完成的資料，MBA出身的年輕上司只給我這樣的評語。

突然被如此臭罵一頓，我心裡當然嚥不下這口氣，但是站在主管的角度，的確，這種小細節，每一個都可以看出新手對於工作的基本態度和能力。

進入公司第一年，我按照主管的指示，調整PowerPoint的字型、顏色，或是改變Excel的文字格式、放大箭頭符號等，這些毫不起眼的製作資料的細節，占據了大半的工作時間。

能進入大型外商金融公司頭腦是何等聰明，顧問的工作內容應該是企業評比或公司併購方面的業務，但是等著我的卻是PowerPoint要用哪種顏色、哪種圖表。

某天，因為我做的資料公司的商標位置用尺量偏離了一公厘而被罵，我驚呆的問：「這種事情誰會在乎啊？」

主管就說：「競爭對手的提案內容也一模一樣，所以我們不希望任何一點點小缺失引起客戶注意。相較於內容，資料的美觀更是勝負關鍵。」對細節如此講究，也可以看得出各方面的工作能力。

還是新手的我很討厭這種枯燥的前置作業，「不要小看這麼土裡土氣的工作，即使你覺得無聊，但是日積月累之下，一定會有很大的不同。」當時的主管是如此鼓勵我。

現在看看身邊的人，很早出人頭地的都是在製作資料時非常注重細節，展現最佳成果。

完美與錯誤之間的「羞恥心」

一流人才在製作資料的時候對於小缺失也非常耿耿於懷。

工作能力不佳的人，即使資料出現錯誤，也會很大方的認為「這種程度沒關係啦」，公司的商標位置歪了，還是跟其他公司的商標搞錯了，或是日期寫成江戶末期都無所謂。

不管犯了什麼錯，都抱持著「有什麼關係，又沒什麼大不了」的心態，得過且過。

相對的，一流人才花費的心思會超過主管的期待，比預期的時間更早完成。「我做的資料要比其他負責人更出色。」他們面對每一項工作，自我要求都很高。

要是主管加調整標點符號、字型、圖表，他們就會感到極為羞愧，對於沒有做出完美的資料非常自責。

日本俗諺說「神就藏在細節裡」，只有講究細節完美的人，才能以一流為目標。

完美的資料與有一個小錯誤的資料之間存在著巨大的差異，而不只是一個小小的疏忽而已。

資料的細節裡何止有神，也有佛、泰國象神、你的祖先。講求細節，做出完成度破表的資料吧。

8 麥肯錫信徒應該知道的事

製作資料——對方的個人喜好最重要

經常會看到製作資料的方法標榜「麥肯錫都是這樣做」，市面上也都會有這種類型的書，但是這種不管賣什麼都打著麥肯錫旗號的行銷手法應該要收手了吧。

我並不是想要貶低別人來壯大自己，我沒有那種不入流的興趣，而且透過朋友，我也十分了解麥肯錫不論過去或現在都有很多優秀人才。但是冠上「麥肯錫」卻有辱其名的人相當多，這也是不爭的事實。

麥肯錫出身的顧問所做的簡報資料，也有很多意義不明、品質低落。當然，麥肯錫的顧問也會良莠不齊，如果都照單全收，認為只要是麥肯錫就值得學習，那就大錯特錯了。

麥肯錫出身的人當中，有的三兩下就躋身為合夥人，有的不到一年就遞出辭呈。身處顧問業界的高處和只在入口處兜個圈的人，對於顧問的工作方法和文化的理解程度大相逕庭。

但是他們都同樣被視為「麥肯錫出身」，應該不只有我覺得此舉讓人憤怒。

當顧問的人看到本書應該會認同，不同的顧問或合夥人，對於資料的形式都各有喜好，有的要細緻複雜的圖表才能滿足，也有的偏好一張圖一個資訊這種簡潔易懂的簡報。

其中也有人不管做了什麼簡報資料都絕對不會使用，只把大綱記在腦袋裡，看對方的反應再臨機應變。更有相較於大綱與格式的完整，還比較重視是否有具體且有趣的內容。

每個人理解事物的方法和邏輯不同，偏好的溝通方式各異，所以跟自己溝通的方式也不會一樣。

以「自己的風格」和「聽眾的風格」為立足點，才能夠做出「命中對方紅心」的資料。

市面上有很多「簡報的製作方式」、「資料的製作方式」之類的書籍，不管是不是麥肯錫，資料製作的本質重點是不變的。

在講究細節的同時，訊息的結構也要明確。了解對方的興趣和需求，並加以配合，盡力將內容簡潔的以一張紙完成。

9

說話方式

一流的人以「一流的聲調」說話

——聲音會展現人格

「喬的聲音很迷人呢！」

我所見過的一流領導者中，尤其是成功人士，說話方式都很有魅力，也就是有著一副磁性的嗓音。

略微低沉的粗獷嗓音，是充分利用丹田到胸腔之間的共鳴，乘著大量的空氣，自信滿滿的流洩而出。他們絕對不會像我一樣經常大呼小叫、想到什麼就說什麼，任何時候都是自信從容、威風凜凜。

說話聲音好聽，並不單純只是音質的問題，還能傳遞自信、威嚴、正直、誠實、領導力等很多資訊給對方。

一流的企業家說話的時候聲音沉穩，充滿自信與威嚴，一言以蔽之，就是一流的聲調。聲音是人格的展現，在很多案例來看是無庸置疑。

事實上，商學院在溝通與領導力的課堂上，一定會很認真的做發音練習。起源於某家公司，目前全球性跨國企業的高階主管培訓也都有「展示領導者氣質」的課程，聽起來好像很神祕，其實就是「以沉穩的聲音，和緩而自信的說話」的特訓。

以腹式呼吸法吸飽空氣，沉穩的說話

在此捨棄太過鎖碎的技巧，基本原則是精通腹式呼吸法，從丹田發出沉穩渾厚的聲音，讓播報員都驚嘆。

平常或許不會察覺，但如果把自己的聲音錄下來再聽，就會覺得充滿違和感，非常奇怪。自己的聲音是先傳達到頭蓋骨或腦部之後我們自己才會聽到，所以和別人聽到的聲音完全不一樣。

所以播報員會一再的客觀檢視自己的聲音和說話方式，如此才能不斷精進。

我有好幾位從學生時代就認識，現在是知名主播的朋友（事實上是我自己單方面覺得熟識，寫信給對方也得不到回信，所以完全不用忌妒我）。

她們在大學時代講話一樣是嘰哩呱啦的，但現在卻很會使用腹式呼吸法，以很棒的聲音說話。

另外，好的說話方式，肢體語言也非常重要。

我在偶然的機會下，在史丹佛大學的MBA課程中聽到，說話時身體不要蜷縮，要抬頭挺胸，展開肢體，如此會讓主司積極性的「睪固酮」之類的荷爾蒙產生劇烈變化，對自信會有很大的影響。

在進行簡報時，以和緩、沉穩的語調說話，輔以開放性的肢體語言，就會讓你的簡報可看性大增。當然，如果用詞遣字不經過大腦還是會自掘墳墓。

不要用喉嚨說話，從丹田發聲，也可以讓人穩定下來，增加思考的空間。

聲音不只是聲音。

說話聲音悅耳，即便談話內容貧乏，對方也會聽進去。仔細聽其實沒什麼大不了的話題，也會因為聲音悅耳而得到過高的評價，「這麼好聽的聲音，應該是在說重要的事情吧。」

說個題外話，我當初因為想要發出好聽的聲音而開始練習腹式呼吸，一個好處是，這是不論時間和場所都可以進行的有益健康的內臟運動。

工作開會無聊至極的時候，我就會開始偷偷的練習腹式呼吸，至少可以利用時間鍛練身體，所以希望大家也能試試看。

最近每次開會的時候，我都會大口大口的深呼吸，腹部凹下又凸起，周遭的人都投以怪異的眼神。

如果聽到我在開會的時候發出「哼哈哼哈」的聲音，不是因為不舒服，只是因為太無聊在練習腹式呼吸，請不要理會我。

10

說話方式

談話時，要傾聽對方的需求與關心的事情

——「積極傾聽」是建立信任關係的基礎

「好的對話，最重要的基礎，就是對對方感興趣。」

這是我高中讀到的一段話，出處來自於長期在CNN主持脫口秀節目的賴瑞．金所寫的書。之後，這段話也成為我信奉的圭臬。

美國臨床心理學家卡爾．羅傑斯把讓對方說話的傾聽姿勢、態度、聽話技巧，稱為「積極傾聽」。對話不單純只是交換資訊而已，也是建立信任關係的

機會，因此，對對方感興趣，表現出傾聽的態度才是最重要的。

好的對話不是自己一股腦兒的滔滔不絕，而是要傾聽對方的需求和想法，讓對方感受到「這個人很認真在聽我說話」的氛圍，就能贏得信任。

談話時要留意對方關心的事情

說話時要考量對方真正在意的是什麼，這在做業務的時候是非常重要的技巧。

相同的產品、服務，根據顧客的類型不同，要講的故事就會有所不同。如果不能考量各種客層的需求、重點、價值觀，你的故事就不會奏效，不會打動對方的心。

這就跟我們想要追求心儀的對象一樣，在構成自己的各種要素中，你要拿哪一項當作賣點？

如果對方喜歡的是家庭觀念重的男人，那就要強調你會多疼愛老婆，夢想是週末假期帶著孩子去迪士尼樂園。

相反的，如果對方在意的是經濟上的穩定，那跟她談迪士尼樂園有多夢幻也是枉然，還不如說你想多存錢、注重安定、不喜風險、有閒錢就會想存下來這些能「正中下懷」的點，否則她不會有共鳴。

不管你是做簡報也好、做業務也好、想要賣東西給誰都好，你一定要了解對方的需求，也就是他能接受的重點，然後依照狀況找到客製化的賣點，才能做出打動對方的簡報。

無視對方需求的推銷，只是自言自語

談話能力差的人，對於對方不感興趣的事情絲毫沒有察覺。他們無聊的話題內容並非「全人類共通關心的事情」，而是「以為自己的見解是世紀大發現」之類沒有重點的碎碎唸。

一邊傾聽對方的需求、關心的事情，一邊進行談話，這在網路搜尋引擎發達的現在尤其重要。

拜網路、Google、Yahoo之賜，更加強化了人們只在意自己關心的話題，談話時如果淨說些沒有重點的話，激怒對方，事情就無法收拾了。

對話最重要的基本功，就是傾聽，找出對方關心的事物，建立信任關係。

如果不了解對方的需求，充其量就只是自言自語而已，不是溝通。

11

簡報．．

嚴禁「模型、MECE、邏輯樹」

——「無論如何都想要傳達的熱情」才重要

「做簡報時，MECE很重要。」
「你有做邏輯樹嗎？再從零基思考重新建立假說。」

越是二流的顧問，越是經常這麼說，他們會以「理由有三……」等看似有邏輯的方式說話。近來在顧問書、麥肯錫書風潮的帶動下，嘴上掛著：「透過MECE……」「根據○○模型……」把這些方法當作解決問題的靈丹妙藥，這種人越來越多。

但不管是MECE或模型，要是用錯了，就只是「無聊的舊垃圾桶」。

如同前面所述，整理論點和資料是理所當然的基本功，不過，**如果論點和假說本身就很無聊，那就像是把垃圾桶拿出來整理，垃圾丟光了，就什麼都不剩**。

如果靠邏輯就能找出答案，那就沒有什麼辛苦的事了。把「MECE的思考架構」、「零基思考」、「假說思考」視為顧問三大神器大肆宣揚的人，其實得到的答案還是依賴來自經驗的感覺和直覺。

我只在這裡講，與其說邏輯思考是為了找到解決方法，還不如說是將自己直覺的假說，說得好像很有道理一樣。

比起完美的MECE，熱切的靈魂才能打動人

聰明認真、但是缺乏關鍵直覺和經驗的人，說是利用MECE，其實只是在尋常的事情上花了很多時間分析，只是說明邏輯就結束了。

空有資料和數據，但是沒有想要傳達的想法，也缺乏撼動人心的驚喜。

人的腦袋記不住無聊的事情，但這些人卻把所有心思都花在將一件無聊的事情以邏輯的方式整理出來。

相較之下，好的簡報者一開始就有一個打從心底迸發、無論如何都想要傳達的想法。

前些日子，我和長期在朝日電視台擔任主播的朋友見面，我問：「好的簡報，最重要的要素是什麼？」沒想到他回答就是我想的：「是否有無論如何都想要傳達的熱情。」我完全贊同。

本來就是，想要讓打動對方，必須先感動自己，自己也對要簡報的內容感受到熱情和鼓舞。

親愛的讀者們，千萬不要被MECE或邏輯結構所束縛，僅有無味如嚼蠟的資料和架構，那就是硬梆梆的「行屍走肉簡報」。

從今天起，就把MECE的概念丟進記憶的垃圾桶吧。

對於那些擺著顧問架子，光會說些「有沒有用MECE彙整」、「思考架構是什麼」、「為什麼不做邏輯樹」的主管，就學漫畫《巨人之星》中的鬼父星一徹，給予鐵拳制裁。

12 簡報・當個百說不厭的國寶
——一流演說者不會對自己說的話感到厭倦

一流商業人士厲害之處，在於相同的內容，不管何時、對象何人，都能夠抱持一貫的熱情說話。

以我來說，即使內容再有趣，同樣的話說兩次自己就會覺得膩，而且跟同樣的對象老調重彈，感覺很不好意思。但是這個世界上就是有人能夠對相同的人進行同樣的簡報，不管幾次都不會臉紅。

例如我認識的的知名經濟學教授，或是名揚美日的大企業家，同樣的內容每次都能傾注更多的熱情一說再說。

我詢問他們「百說不厭的說話祕訣」，他們的回答是：「每次都要說得比上一次更好，這樣就會很有動力。」

這種「相同的簡報不管做幾次也不厭倦的能力」的強大，我在留學的時候深刻感受到。

我非常尊敬的一位希臘籍的天才型統計學教授，同樣的課程一天要教四個班級，讓我拍案叫絕的即興發揮的笑點，或是感人肺腑的一段話，其實全部都是經過精心安排。

會知道箇中奧妙，是因為有朋友在其他班級，我原以為教授是信手拈來的玩笑他也全部都聽過。

這麼說來，回想以往的幾位主管，在公司裡以及對外銷售的時候，同樣的簡報內容都要重複幾十次、幾百次。

我很驚訝的發現，一流的簡報者不管怎樣的話題，都能夠不失去熱情，同樣的內容不管說幾百遍、幾千遍，都能說得很有趣，炒熱現場氣氛。

這種功力，簡直是以國寶相聲大師為目標，同樣的相聲段子要重複幾千遍。

仔細想想，說話的時候如果連自己都覺得很無聊，聽眾怎麼可能聽得開心。想要讓別人開心，自己就要先樂在其中。

假設同樣的簡報做了一百次，那麼第一百零一次完成度就要更高。希望大家在簡報的時候能有公布諾貝爾獎一般的興致高昂。

其中的訣竅就是，**反覆練習更勝於說話能力，這絕對是真理**。

13

整理整頓

工作效率表現在桌子與包包的整齊度上

——整理能力、調查能力是工作效率的象徵

「你的桌子乾淨嗎？你的包包整齊嗎？電腦桌面是不是一大堆檔案夾？」

我在面試的時候，經常會這樣問應徵者。

從整理能力可以見微知著，一個人的大部分工作品質和效率都可以由此看出。這一點很容易被忽略，工作能力的高低，從整理能力就能如實反映。

桌上髒亂不堪的人，抽屜裡、包包裡八成也是亂七八糟，電腦桌面和檔案

夾裡面也一片混亂。這種人經常會把資料或收據弄丟，檔案往往行蹤不明，資料細部的數字會出錯。

另一方面，桌上乾淨的人，抽屜、包包、電腦桌面、檔案夾大多也是井井有條。這種人連腦袋裡的思考方式、數據都會有條不紊，所以隨時都可以找到想要的資料。

你可以測試看看，請同事或部屬找找之前用過的檔案。打鍵盤的速度就像滑過琴鍵一般快速熟練，檔案階層分明，什麼檔案歸類在何處，馬上就能毫無猶疑的找到，見一知百，這種人的工作都是既快速又正確。

整理能力佳又細心的人，搜尋資料的速度也很快。

即使是選個餐廳，也會事先徹底調查。迷路的時候不會像無頭蒼蠅一樣亂找，也不會花好幾分鐘才開啟GPS。

這讓我想起發生在台灣的事。跟我同行的新加坡籍加拿大友人，早午晚三餐都有計畫，要去哪家店吃飯都徹底調查過，整理好資料。

晚餐也就罷了，連早餐都花時間調查，我都被他這股拚勁嚇傻了，我心中揣想：「不論吃什麼都不會難吃到哪裡去，隨便找家店就好了……」

好不容易到指定的店家，吃了一口我就理解了，的確沒有吃過這麼美味的鬆餅，我見識到了徹底查詢的威力。她不論什麼小事情都追求完美，在資料調查、整理、比較方面絕對不遺餘力。

還有一次，我在印度跟一位德國朋友一起前往吃午餐的地方，離目的地還有二十公尺左右，計程車司機迷路了。

我說：「隨便走走應該就找得到，我們下車吧。」但是他卻非常堅持使用GPS找到正確的位置，不要浪費幾分鐘、幾十公尺在迷路上。

結果，目的地就在隔壁條街，還用GPS來尋找，這種一絲不苟讓我都為之讚嘆。

他和她的共通點，就是「對於任何事都不會猶豫的決心」，以及「資料蒐集、整理」的講究。

整理能力高的人，通常調查能力也高，工作速度快又正確，整體生產性都比較好。

「整理能力」和工作效率息息相關

我以前在擔任顧問，或是任職於投資基金公司的時候，當時的主管都是一流人才，不管我問什麼問題，都能隨時從書架上拿出資料，並翻開正確的頁面跟我說明。即使是二十年前的案子，也能以驚人的速度立刻拿出資料，「嗯，那個案子這邊有提到……」

整理對調查能力有很大的影響。而且不只是自己，也會左右周遭的人的工作效率。

如果資料、檔案都井然有序，要交接給其他人就很容易，被問到任何問題也能馬上應對。如此一來，所有和你共事的人，都不會把時間花在尋找資料、檔案夾這種非生產性的工作上，能夠提節省團隊的能量，提高效率。

好好整理，提高周遭的人工作時間中「戰略時間」的占比，就能夠提高自己、他人、公司整體的工作效率。

14

整理整頓

刻意製造混亂，突顯只有自己才懂的二流菁英

——整理不是為自己，而是為了團隊

一流的人整理東西的時候，不是以自己的使用習慣為主，而是以對任何人都方便的方式，提高整體的效率。相對的，二流的人只顧及自己好不好用，用別人搞不懂的方式整理，為自己的工作築起進入障礙。

在其他人眼中看起來是資料成堆的垃圾屋，但是本人卻自有一套邏輯，能夠掌握什麼東西在哪裡。

我有個身高近兩百公分的德裔澳洲人朋友菲利浦（化名．三十歲），是個優秀的投資銀行家，他就屬於這種類型。

他在讀MBA的時候成績優異，排名前一〇%，上一份工作是在歐系的投

資銀行，二十多歲就高升協理階層，工作能力很強，但是辦公桌髒亂到不堪入目。

他就是那種「不用整理整頓也能工作的人」的例外性存在。根據本人的說法是「東西在哪裡只有我自己知道」，本質上又好像有在整理。

看起來沒有在整理整頓，但是工作能力強又有效率，其他人也沒什麼可抱怨。但是當他不在的時候，想要從混亂狀態中找到資料根本不可能，反過來說，這也提高了他的重要性，增加自己在公司中「不可或缺」的程度。

不僅限於菲利浦，還有好幾個例子都是如此。

我一位任職於外商企業集團的朋友藤田先生（化名，四十九歲），資料和數據都使用名稱極為難懂的檔案夾來歸類，要是哪天被開除的話，別人也沒辦法法承接他的工作。想要找資料，不問存檔的人，一輩子都找不到，藉此保持自己的「戰略地位」。

這簡直就是不入流的行徑，但是藤田先生十五年來從未丟掉飯碗，在職場競爭中勝出。今天在東京某棟摩天大樓一隅，藤田先生應該也是將重要客戶的資料以意義不明的檔案名稱存在莫名其妙的地方，並且暗自竊笑吧。

15

再補充一點

討人喜愛比聰明更能決定工作命運

——與他人和睦相處的能力，比ＩＱ和學歷更重要

世界上有人把「無法讓人討厭」當成最大的競爭優勢。

他們不回信，看似在寫筆記，但內容卻是東落西漏，他們也沒有整理整頓的能力，資料幾乎都會不見，而且做出來的資料也讓人看不懂。

這種典型工作能力差的人，還是能夠屢屢在職場上步步高升，最大的特點就是「無法讓人討厭」。

某大型外商顧問公司的經營團隊中，有一個幾乎沒有在工作、也對收益沒有貢獻的高層安田先生（化名，四十八歲）。我問一位任職於該公司的朋友，他感嘆道：「安田先生的專案都沒有營收，工作也沒有很幹練，但是他跟大家

都相處得很好，所以獎金可是超乎想像的高」。

這種「好人」以和為貴，協調性非常高。不會堅持己見，也可能是原本就沒有主見，不與人爭，所以沒有人會討厭他。

他跟任何人都可以講上話，所以在公司內部需要協調的時候非常活躍，不知不覺中就在公司各處建立起強力的關係。

我們對一個人的評價，往往不是基於客觀事實，會深受主觀與感情所影響。而是否被認為是「好人」，在升遷上就有決定性的關鍵。

阿德勒心理學也有提到，人的認知會在無意識中根據需要的目的，對情報做出取捨。也就是說，如果受到喜愛，就只會挑選「你很棒」的理由；相反的，如果被討厭，那就全部都是「你有多糟糕」的項目。

學歷、技術都贏不了「好人」

反過來說，如果不是「好人」，就算實踐本書所寫的各種一流法則，周圍的人也不會聚集過來支援你、幫助你。

聰明、工作能力強，但是在公司被冷凍的人，很多都是因為「討人厭」。最後這種人一被逮到機會就會被部下扯後腿、被同事排擠、被上司炒魷魚。

「好人」成為「好運的人」的或然率很高。「好運」絕對不是什麼奇怪的超自然現象，如同字面所示，是把「好機會」「運過來」。能夠幫你好機會運過來的人，當然就是喜歡你的人、跟你有好關係的人。

「好運的人」總是從容、正面、開朗、笑臉迎人，讓一起工作的人都很開心。因為討人喜愛，所以身邊有很多人會運來各種機會。

根據哈佛大學長時間追蹤畢業生職涯與收入的研究調查，IQ一五〇與IQ一一〇的畢業生，日後年收入並沒有太大的差別，但是人際關係良好的人，比人際關係惡劣的人升遷機會高很多。看看我周遭的例子，我也深表認同。

不管你有多聰明、學歷或技術有多了不起，都贏不了「好人」。

結論就是我想要強調，是不是「好人」，不論在哪個產業或職位都很重要。

「一流的基本功」重點整理

▼寫電子郵件

❶收到信的時候，要「殺！」的嘶吼，在瞬間回信

收到信的時候有沒有馬上回覆？回信的速度展現「能做的事馬上做」的態度。

❷篇幅太長的信件要減肥後才寄出

你的信件內容太多了嗎？簡潔的信件是「不浪費時間，有效率溝通」的象徵。

▼寫筆記

❸做出眾議院院會的速記員都震驚的「無缺漏筆記」

你的筆記完整嗎？沒有缺漏的筆記能展現「專注力」和「責任感」。

❹筆記要做出古夫王或吉村教授都吃驚的「漂亮金字塔結構」

你的筆記有結構嗎？筆記的結構可以展現「邏輯思考能力」。

❺不要當白馬王子，要當「白板王子」

你擔任過彙整意見的角色嗎？將討論的內容可視化，將與會者的腦袋互相連結，彙整意見，是智慧型領導者的基本功。

▼製作資料

❻資料要簡潔到連賈伯斯都驚嘆

你做的資料能用一張紙就說完嗎？以簡潔的方式呈現資料的整體結構吧。

❼神、佛，還有泰國象神都藏在細節中

你做的資料是否以完美為目標？要抱持著「小錯誤也要覺得大羞恥」的責任感，提高所有工作的完成度。

❽不要信奉「麥肯錫」

你做的資料是否有配合對方的喜好和程度調整？不要忘了，理解方法是因人而異。

▼**說話方式**

❾學習歐巴馬，用令人著迷的聲音說話

你說話的聲音好聽嗎？聲音可以顯現人格。一流的簡報者，會利用腹式呼吸和肢體語言，以一流的聲調說話，用盡各種心思。

❿不要一股腦兒的說無聊話

你說的話對方感興趣嗎？是他關心的事情嗎？談話時要聽出對方的需求和想法，以「積極傾聽」建立信賴關係。

▼**簡報**

⓫揚棄模型、MECE、邏輯樹

你的簡報有沒有「無論如何都想要傳達的內容」？相較於簡報的形式，有一顆熱切的心更重要。

⓬以「百說不厭」的國寶為目標

自己說的話會不會覺得厭倦？提高每次說話的完成度，不要失去熱情，相同的話更要追求極致。

▼**整理整頓**

⓭桌上、包包都要整理乾淨

你經常留意整理整頓嗎？整理能力是「調查能力」與「工作效率」的象徵。

⓮不要做只有自己才懂的「二流整理」

你的整理方式是不是除了自己之外，其他人也都能找得到需要的東西呢？不要為了自己而整理，要為了提高團隊效率而整理。

▼**再補充一點**

⓯最終是「好人」獲勝

你和周遭的人和睦相處嗎？「好運的人」開朗正面，受人喜愛，周圍的人會幫忙運來各種機會。

2

一流的自我管理

邁向一流之道，
由生活習慣開始

Discipline

事到如今，我們很難改變ＩＱ或學歷，但還是有很多事情我們現在就能做到、但是卻去不做，那就是「自我管理」。

一流的領導者不會隨興、任性的生活，他們有著嚴格的「自我紀律」。

相較之下，二流的人是靠著動物本能或欲望來主導，過著怠惰享樂的人生，完全沒有「自我管理」。

很多人會輕蔑的說出「因為那個人天生就聰明」、「那傢伙是含著金湯匙出生」之類的失敗宣言。

事實上，造成工作能力天差地遠的因素，比起學歷和ＩＱ，最根本的問題在於自我管理不夠用心。

我將自我管理整理為以下項目：

時間管理	儀容管理	健康管理	心理管理	成長管理
1 早起 2 守時 3 優先順位	4 服裝	5 健康	6 壓力管理	7 學習習慣

大家仔細想一想，在公司裡，工作能力出色的一流主管們，他們雖然身居高位，但是大多很早就到辦公室。

早起是時間管理中的一項，一流的人早會的時間再早也絕對不會遲到，二流的人每星期一的例會，很不可思議的，絕對會遲到五分鐘。

雖然只是遲到五分鐘，但是突顯出「什麼事都要等到快到期限才進行」的生活習慣，是商業人士致命的缺陷。

接下來，不妨確認公司裡受人尊敬的一流人才，今天如何穿著。從服裝上也能窺見端倪，二流的人襯衫皺巴巴，肩膀上還殘留頭皮屑，毫不介意的穿著鞋底都是泥巴和塵土的髒鞋子。

工作能力比不上一流的人，連儀容都敗下陣來，完全忘塵莫及。

儀容並不限於服裝，體型也會透露出很多訊息。

說起來有點殘酷，但是肥胖還能成功的，除了知名藝人貴婦松子之外再無他人。不過，我住在加拿大的姐姐是貴婦松子的粉絲，她說松子其實在服裝和化妝上花了很多心思。

談到自我管理，就不能不提到健康管理。對於白領工作者來說，身體也是工作的資本。

同樣也不能忽略的是心靈的健康管理，心理健康是指能好好管控壓力。還要持續學習，培養多方面的素養，才能有一流的工作品質。

本章所提到的各種習慣並不是新發現，而是很正統的東西，一定有很多人會說：「不用再多說，這些我早就知道了！」

但是比起IQ、學歷，這些「只要下定決心就能改變的習慣」，對工作能力的影響真的很大。

藉此機會，即使只改變一個生活習慣，都比讀了幾百本謎樣的自我啟發書來得有用，對我們的人生能產生重大的影響。

我們就趕快來看看，這些能夠提升工作品質的「一流的自我管理」。

16

早起

雞早起，還是全球菁英早起？

——早起是「自我紀律」的象徵

「咕、咕、咕——」

雞是有名的早起，但還有一種生物比雞還要早起，那就是屬於靈長類人科的全球菁英們。

我曾經待過的職場都一樣，那些很早就加官進爵的高層主管，都很早起。早起就能在一天生產效率最高的時候工作，是有著嚴格的自我紀律的象徵。從生活習慣中就能夠以小窺大，幾乎沒有「很晚起床的偉人」。

我曾經在早上四點收到很尊敬的財經界大老們的回信。美國的尼克森總統，會早起花一個小時讀自己喜歡的書。能夠很快爬上巔峰、發揮領導力的人，都會特別早起。

你可能會覺得很不可思議，為什麼這些人不會想睡覺。以我的觀察，早起的偉人們有幾個共通的特點。

第一是，早起的菁英們幾乎都是不喝酒的，晚上不會到處流連，會立刻回家充足睡眠。他們會在固定的時間起床，甚至讓人覺得：「難道這個人上輩子是鬧鐘嗎？」生活規律到很恐怖。

說早上要六點起床，就真的六點起床；說早上要慢跑一小時就真的去跑；說早餐要吃納豆、優格、蔬果汁，就一定會吃。

他們在固定的時間出門，在固定的時間吃午餐，盡可能縮短應酬時間，總是有規律的準時回家。

成為「朝型人」的必殺祕訣

二流的人很難早起，常態性睡過頭，所以對遲到也沒有什麼罪惡感。偶爾準時上班，同事還會嚇一跳呢。

賴床這件事也是可以由小觀大，可以想到背後就是各種混亂的生活習慣所導致。

每天晚上到處狂歡，驚人的肝功能，都不需薑黃解酒，還對自己的啤酒肚引以為豪。

儘管醫生和家人都告誡「晚上九點以後不要吃碳水化合物」，但是喝完酒後還是去吃拉麵，而且還加麵，一邊打著飽嗝一邊吞雲吐霧。

深夜兩點過後，終於踩著醉醺醺的步伐踉蹌的回到家。在陽台抽菸時，又乾掉一杯威士忌，沒洗澡就直接倒在床上睡死。隔天一直到下午兩點都還帶著宿醉，昏昏沉沉，讓人無語。

想擺脫這種不規律的墮落生活是有方法的。

實不相瞞（其實理所當然到不好意思說），**必殺技就是「早起」**。

早起四周很安靜，沒有吵鬧的電視節目，可以以沉靜的心情與清醒的頭腦來看書或工作。外面也沒什麼人，夏天時又不會那麼熱比較舒服。

以促進健康為目標的你，可以開始晨跑。

現在就立志要早睡、熟睡、早起。

從今以後，可以早上五點起床，當比太陽都還要早的「朝型人」，為人生踏出新的一步。

以後如果有人問：「先有雞，還是先有蛋？」你就可以很有朝氣的大聲回答：「全球菁英比雞和蛋都還要早！」

17 早起‧

只有睡覺的時候可以贏過比爾‧蓋茲！

——講究睡眠品質

想要早起，就一定要早睡，為此，如果只是交情一般的朋友邀你喝酒，或是參加慶生派對，你都要勇敢拒絕，趕快回家就寢。

本篇的標題看起來像是在開玩笑，但我想要強調，要熟睡，寢具很重要。即使多花一點錢，也該選張適合自己的床。買床墊、換床墊是我的興趣，我特別推薦舒達公司的Superior Day床墊。

如果你喜歡偏硬、支撐性較強的床墊，日本品牌NIHON BED的Silky Pocket品質相當不錯，席伊麗公司公司的RondoIII也是好物。

另外，日本傳統品牌FRANCEBED，推出了一款十萬日元左右的Life Treatment 700系列床墊，性價比很高，品質優異，請務必試試看。

有一些床墊廠商和大型通路商聯手，推出價格高到不像話，要一百萬日元的床墊，但我覺得品質跟十五萬日元的產品差不多，要特別小心。

睡眠時間不只占了人生的三分之一，而且對於起床後的三分之二的工作效率有很大的影響，所以投資在高品質睡眠上應該要不惜成本。

「清醒時的貧富差距」很難拉近，但「睡覺時的貧富差距」很容易弭平。

當花費超過四十萬日元，睡覺的舒適度就不會有太大差異。占人生三分之一的睡眠時間，相較之下可以不論貧富，獲得最好的生活水準。

只有在睡覺的時候，只要四十萬日元左右就能過著跟比爾．蓋茲一樣的生活水準。

趕快去買好的寢具，至少在睡覺的時候縮小與比爾．蓋茲之間的差距。股神巴菲特也好、富豪孫正義也罷，都贏不過在舒適床上安然熟睡的你。

18

守時

不守時的人不可能團隊合作
——嚴守約定時間與交期

「武貴，你的職涯隨便怎麼樣都無所謂了嗎？」

這是在新加坡一場重要會議上，只有我堂而皇之的遲到兩小時，在會議快要結束時才抵達，一位跟我很要好的美裔中國籍同事這樣跟我說。

那天我睜開眼睛，覺得四周分外明亮。

「咦，奇怪了，我應該早上六點起床去香格里拉飯店的……」

我看到時鐘不禁慘叫，會議開始已經過了將近兩個小時了。

一看手機，同事、主管、祕書，共有十通未接來電，電話響了五分鐘。這下我的工作完了，不久的將來，可能就要告別曾經輝煌的職涯。

在競爭激烈的全球商業世界中，讓人生三振出局最快的方式，就是厚臉皮的遲到、沒有遵守工作交期。

電話會議晚了十五分鐘才開始、沒有在期限內提交文件或回信也是一樣，讓別人等待，會被認為是「輕視對方的時間和約定」。

一流人才首先要做到的，就是絕對不遲到，任何工作不但如期，還要能從容的完成。讓對方等待是浪費他人時間的行為，是缺乏紀律、沒有責任感的表徵。

遲到是商業人士最該引以為恥的事情之一，對此卻沒有一點羞愧之心，是專業人士所不允許的。

會不會遲到，將如實反映出一個人的工作態度。

提前抵達會議場所的人，做事大致上都是按部就班，能夠嚴守交期。

當別人認定「這個人一定會準時出現」，不只是代表開會會提早十分鐘抵達而已，而是更高的評價——「他對於時間或工作都很精準」。

相反的，即使只是遲到一下下，對客戶和公司都會留下「對於時間和工作都拖拖拉拉」的強烈負面印象。

遲到是物理性的工作停滯，對於一個人的工作能力會留下致命的壞印象。

不能嚴守交期的人無法團隊合作

經常遲到的人，代表各個方面都沒有責任感。

一個人就可以完成的工作，或許可以不用特別在意交期，因為會受到影響的只有自己。

但是團隊工作如果不遵守時間，工作就會出紕漏。

因為一個人遲到或是作業延遲，整個進度就會停擺，也會影響到團隊成員的士氣。

糟糕的是，他們對於團隊成員已經在生氣這件事毫無警覺，更讓人訝異的是，他們也沒有立刻反省，為了挽回名聲而好好做事，反而還希望使用讓時間暫停的大絕招，要求大幅延後交期。沒有盡到自己的職責，還會送出一大堆沒有用的謎樣參考資料。

遵守時間是對他人的尊重，也是團隊合作最低限度的條件。

現在就大聲的吼三次：「我不會再遲到！」

把「遵守時間」當成座右銘，可以搬到公司附近住等等，方法有很多。

如果是已經住在公司附近卻還會遲到的人，更要有所警覺，難道要直接住進公司嗎？

重視他人的時間和重視自己的人生其實互為表裡，生活不夠認真的人不會重視自己的時間，才會沒有注意到他人時間的重要性。

19 優先順位

時間分配要有差別

——訂定優先順位，不是輕鬆的先做，而是該做的先做

「武貴，你一定要經常問自己：為什麼我現在在這裡做這件事？」

這是我非常尊敬的一位老長官，在跟我聊工作心得的時候經常說的一句話。

這位長官在日本金融界也是大人物，已經到了頂天的地位，在聊起他自己的工作基本功時，提到時間分配是超一流專業人士的基本功。

不管是多聰明、多優秀的人，擁有的時間都是相同的，勝負的關鍵就在於如何妥善的分配。在競爭激烈的產業，如何分配使用有限的時間，其優先順位

決定了工作成果的差異。

在眾多該做的工作中，如何判斷並訂定優先順位非常重要。

分配時間，就像利用有限的資金做最有效的投資，跟資金運用是同等重要。

不要做輕鬆的「假勞動」

人是很容易隨波逐流的軟弱生物。

往往回過神來才發現，自己都把時間花在不知道是工作還是玩樂的「工作」上。

以業務來說，很多人把收益置之度外，跟客戶像好朋友一樣開會吃飯。看起來好像很忙，但是該做的事情都沒做，很多時間都花在可有可無的「假勞動」上。

除了自己擅長的工作之外，我們應該要試著提高角度，以主管、公司、客戶的觀點來思考自己該做的事的優先順位。

也有人認為長期計畫沒有意義，應該全力處理目前手邊的工作。但是一流的人不管有意或無意，在忙碌的時候，都會先訂定優先順位，然後立刻著手進行，訂定優先順位到付諸行動的速度很快。千萬不要成為訂了優先順位卻沒有去做，面對一大堆高優先順位事項坐困愁城的二流人。

「為什麼我現在在這裡？為什麼在做這件事？」

先回答自己這個有關時間分配的題目，然後立刻執行的能力，和工作的效率息息相關。

20

服裝・・

當菁英和交女朋友都要靠外表？

——服裝要配合時間、地點、場合

「那雙鞋子跟西裝不搭，你可以換雙搭配西裝的鞋子嗎？還有，襯衫也皺巴巴，一定要送去洗衣店整燙！」

我大學畢業剛進公司的時候，公司裡一位MBA的前輩跟我說了這些要注意的事情。

還記得我當時很反感，「這種小事還需要你講！」時間已經過了十五年，那位前輩看似酸言酸語提點服裝的重要性，我現在已經能夠深刻體會。

我看過的一流專業人士，服裝會配合TPO，也就是時間（Time）、地點（Place）、場合（Occasion），也會注重流行。也真的有人會聘請整體造型設計師，雖然我是覺得不需要在意到那種程度。

上班時間穿條紋西裝（還是Zegna之類的高級品牌），繫上Hermes或Bvlgari等高質感的領帶，西裝外套的口袋當然會放上一條白色手帕來畫龍點睛。

相對的，二流的人很擅長用自己的服裝帶給他人不快。

根本不想要看到那個人的胸毛，卻解開襯衫的頭兩顆扣子。參加只有熟人的同學會卻打扮得很繁複，全身上下穿著Hermes出席。

服裝展現的是「讓自己客觀被看見」的自我認知能力，會大大左右你的個人形象。

前些日子，任職於韓國大型外商顧問公司的朋友，跟我聊起成為合夥人的人的共通點，朋友說：「晉升很快的人頭腦無疑是聰明的，他們也知道如何打扮自己比較合宜。比起追逐流行，他們更重視適不適合自己，所以不管在任何客戶面前，穿著都不會失禮。」

說到形象，名牌貨也會花很多錢在包裝、提袋的設計上，營造商品的高級感。

例如購買Bvlgari的領帶，會先裝進高級盒子、包裝紙或提袋中，最後再打上一個漂亮的蝴蝶結，這些包裝都提升了高級的氛圍。

同樣的，如果Tiffany的戒指放在日本的平價賣場唐吉軻德販售，那看起來就像便宜貨了。

一流的人會嚴選適合自己的東西並長期使用

順道一提，成功的一流商業人士不會輕率的亂花錢，很多人都是嚴選適合自己的高品質單品，用個十年、二十年。

他們跟買了不適合自己的名牌貨就丟在一旁的人完全不一樣。

適合自己的東西就長長久久使用，這種行為模式就和重視長期的人際關係相同。親愛的讀者，下次購買西裝、鞋子、包包的時候，請選擇二十年後還能用且愛用的東西。

這當中也隱藏著一個重要的訊息，那就是體重沒有隨著長年增加，體型沒有劣化，衣物能夠持續穿戴十年、二十年，也是高度自我紀律的證明。

21 服裝‧正式派對上，衣著是勝負關鍵

令人意想不到的是，世界菁英們也很愛打扮。

辦派對時，一旦訂好派對主題，大家就開始找適合的服裝，花在衣服上的熱情和金錢不容小覷。留學INSEAD，住在法國那段期間，十分佩服他們辦派對的頻率和對打扮的熱情，有時候連上課也都是全員換裝。

夏天的Summer Ball是租下拿破崙的離宮——豪華的楓丹白露城，大家穿上燕尾服和晚禮服，盛裝出席。

這種時候，來自沒有社交派對國家的人，會認為買燕尾服太麻煩，「這套西裝也很貴呢！」就穿上商務西裝前往。但是在盛裝的菁英之中，這身打扮就

相形見絀。擦身而過的朋友也會問：「為什麼你沒有穿燕尾服？」實在覺得很不好意思。

平常穿著休閒牛仔褲、鬆垮垮毛衣的同學，在派對上打扮起來，簡直有天壤之別。人在穿著正式服裝的時候，競爭才於焉展開。

每次這種派對都會有新的情侶誕生，看到盛裝後的容貌丕變，也能夠了解為什麼了。

菁英們在盛裝時的衣著對戰，看起來就像發情期的孔雀張羽開屏競爭。收到社交派對、變裝派對、朋友婚禮的邀請，請想像自己就是世界上最漂亮的孔雀，選一套能將自己的光環最大化的燕尾服，要看待得比工作還要認真。

閒聊一下，派對上如果要穿戴吊帶，那要看人和體型。

如果是模特兒身材、知性型的人，看起來就會像是電影《華爾街》的查理・辛。但如果是像我這種體型胖胖的東方人，使用吊帶效果就很可怕了，不但不像查理・辛，還會看起來像沒有腰帶可繫的大叔，要特別留意

服裝・

22

不要被他人的評價與虛榮所迷惑

——買東西的標準會展現「主體性」

「看起來很廉價的手錶，還有破車！」

一流商業人士很注重儀容，會在西裝和鞋子上花大錢，但是有的人手錶和車子卻是極端的陳舊破爛。

戴廉價的手錶、開便宜的老爺車，其他部分卻都很完美，反而能營造出高度反差的形象。

全身香奈兒或PRADA的人有種俗氣感，一部分抽離，能讓整體形象的優點更加明顯，這也是一種技巧。

我很尊敬的一位大前輩從來不換手機。看起來像是侏羅紀或白堊紀時期販售的產品，連螢幕都還是黑白的古董機，就這麼一路用到現在。

那種手機能發出聲音都讓人覺得不可思議，還能接聽電話簡直就是奇蹟。按鍵上字母已經完全剝落，尺寸也很龐大，宛如手機界的雷龍，是太古時期的電話。

手機已經稀少到讓人覺得：「那支古董機應該立刻拿去大英博物館展示吧？」即便如此，前輩還是沒有換新機。

詢問他理由，他說：「我只用手機來講電話，不需要浪費資源。」他自有一套個人哲學。這種依循自己的價值觀與判斷基準而活，不也是一種讓人欽佩的策略嗎？

尤其是換手機這件事，常常都是手機還堪用，甚至剛買的智慧型手機都還沒上手，每年又被手機業者牽著鼻子走，想要買新機。

花大錢購買手機，一大堆功能都不會使用，實際上使用的只有打電話、收信、Line和臉書，相較於這些手機使用者，購物的方式所展現的主體性、價值判斷基準和行動力的差異，可以感受到一種獨立自主的美學。

以老街的巴菲特為目標！
——購物方式會展現「主體性」

這位前輩年收入有好幾億日元，卻還是開著中古的civic。

這跟使用古董手機的想法一樣，他對車子的要求不是排場與豪華，單純只是便宜與經濟的移動方式。

順道一提，世界知名投資家巴菲特也是這類型的人，富可敵國卻開著破車。便宜且高性能是巴菲特的投資哲學，也滲透到生活的各個層面。

我並不是說一直使用舊手機、開中古車就是一流的證明。

重點是不隨波逐流，「因為其他人都想要」、「因為別的投資家都在買、都在賣」，不要去管其他人怎麼想、其他投資家怎麼想，你要以自己的價值觀做判斷。

不被俗世的喧囂所迷惑，只取自己所需，然後物盡其用的富豪們，那種「即使再有錢，我不認同的東西一毛也不會付」的金錢觀，讓人感受到對於自我價值基準、個人判斷的沉穩氣度與自信。

我們就以老街的巴菲特為目標，不管旁人怎麼說，只選擇自己覺得值得購買的物品，並且使用到壞掉為止。

投資、購物、人生，重要的是不模仿他人，自己做判斷。

23 服裝・無法認同的錢，一毛都不浪費

一流的專業人士共通點就是「超過需求標準的東西絕不付錢」，對金錢觀非常嚴格，不論金額多寡。

前陣子我到印度的時候，和兩位身高兩米、非常有錢的奧地利和澳洲朋友中午一起去吃咖哩。

他們住在五星級飯店，但是卻不肯搭沒跳表，喊價一百盧比（約兩百日元）的計程車，而去找跳表（五十盧比）的車子。只有一百日元的些微差距，但是「不能認同的錢絕對不花」的執念卻很強。

到了印度咖哩餐廳，我帶的盧比不夠用，央求澳洲朋友幫忙代墊啤酒錢，「我再拿新加坡幣還你。」但是他卻說：「我不用新加坡幣。」頑固的不肯幫我。

他們經濟非常寬裕，是歐系投資銀行的王牌級人才，但是在用錢方面非常苛刻。

「工作能力強，而且有錢的人，對用錢更加小心謹慎」是很多例子的共通點。

相反得，頭腦很好，也經常請客的人，短期內很風光，但是長期來看卻窮愁潦倒的人很多。

回想我以前的老闆，是位美國籍的菁英，身價數十億日元，但是卻對費用管控很嚴格。出差的時候身為老闆的他，如果飛行時間只有幾個小時，他會搭經濟艙，祕書每次都要多家報價。飯店的預算也很緊，應酬時每個人的餐費如果超過兩百美元就要事先取得核准。

但是正因為如此，把錢交給他的投資人都很信任他，獲得「絕對不會亂花錢」、「別人的錢也會當作自己的錢一樣謹慎使用」的評價。在交涉協商的時候，絕對不會輕易妥協，也獲得信賴，「跟這個人合作不會浪費錢」。

以個性、朋友相處來說，通融、對金錢不拘小節的人比較好相處。但是如果是要委以賺錢之類的重任，就要找小氣、像前面所述對金錢錙銖必較的人才行，這也是不爭的事實。

但是該用的錢還是要聰明的花，如果失去共同分擔的公平性，那就只是唯利是圖的小氣鬼了。

24

健康・

兩個月瘦二十公斤也是應該的

——體重管理是「自制力」的象徵

「這位客人，非常抱歉，如果安全帶繫不上就無法讓您搭乘。非常對不起，可以請您下來嗎？」

這是我人生最屈辱的瞬間。

之前，我的體重來到高峰的三位數，去首爾的樂天樂園，雲霄飛車長長的人龍終於輪到我的時候，沒想到安全帶不夠長，我沒辦法搭乘，工作人員向我道歉。

我堅持己見說：「我都排這麼久了！不需要什麼安全帶啦！」

三位工作人員拚了命，像是喊著「一、二、三」好不容易才合力把安全帶扣上。那個時候我因為耽誤了很多時間有點不好意思，再加上安全帶勒住小腹的壓力，所以滿臉通紅。

在等待的時間，我感受到周遭冷冷的眼神，彷彿是在說：「胖子就不要來坐雲霄飛車嘛！有夠蠢！」。

那一次我也體認到：「如果再不減肥，以後一定會活得很辛苦……」

（順道一提，雲霄飛車有身高限制，但是體重、腰圍卻沒有限制，不是很奇怪嗎？這是個盲點。）

成功的人幾乎沒有胖子

為什麼要減肥？

理所當然，**體重管理是「自制力」的象徵**。

大家應該都知道很有名的棉花糖實驗吧。

美國學者沃爾特．米歇爾在實驗中給四歲的孩子一塊棉花糖，如果他們能夠忍耐十五分鐘不吃掉，就可以再得到一塊棉花糖。

能夠好好忍耐的孩子就會得到更多的棉花糖。明明只要忍耐一下下就可以多得到一塊棉花糖，但是有些小孩就是忍不住。

經過長期追蹤，能夠忍耐不吃棉花糖的孩子和忍不住的孩子，長大後學習狀況、職業、收入都有很大的差異。乍看之下像是「控制食欲」可以一笑帶過的問題，事實上卻是左右人生「自制力」的問題。

能否延遲享受，選擇長期利益優於近利，能夠看出自制力。

如同本篇開頭所述，幾乎沒有胖子成為一流的專業人士，只有那些讓人覺得：「這個人難道是長生不老嗎？」上了年紀還保持和二十歲相同的體態。

肥胖不只是體重問題。**除了健康管理，有沒有自制力也和「個人的信賴度」有關係。**

25

健康・・

一流人才腦袋不同，身體也比較好？

——健康管理是意識、動機、思考、行動的根本

「呼——呼——呼——」

在一場電話會議上，聽到非常大聲的呼吸聲。讓人吃驚的是，秦先生（化名，三十三歲）一邊跑馬拉松一邊參加電話會議。

秦先生的體脂肪率為八％，體格好到可以馬上去參加奧林匹克。但是喜歡運動的不是只有秦先生一位。

我在很多國家各種職場都有工作過，大家跑步都很快，跑幾公里都不會

累，簡直到了如果有全球商業人士運動競賽，一定會跑贏「牙買加閃電」尤塞恩．波特的地步。

我的前同事也是如此，除了馬拉松、網球這類正規的運動，到鐵人三項、自行車都有涉獵。也有不少人的興趣是極真空手道、太極拳、泰拳、摔跤之類的激烈運動。

提到「畢業於好大學、在好公司工作的菁英」，人們可能會想像都是蒼白的御宅族。但是回想我國外的同事，很多都像是隨時可以從美國最大的摔角集團WWE出道的筋肉人。不要以為他們有錢就想恐嚇他們，十之八九都連本帶利被討回來。

他們對運動的熱情，是超越健康和興趣的層次。

一流的人做任何事情都是徹底克己。一開始是把運動當興趣，不知不覺就追求達到媲美運動員的水準。

對運動很執著的人，對於所有運動的基礎，也就是步法都很講究。離開首爾大學醫學院自行開業的韓先生（化名，六十歲），每次跟我見面時，都會跟我說夾緊臂部走一直線的功效。手臂要往後伸展，胸部要比腹部突出，才是正確的走路方式。

我熟識的一位東京大學醫學院出身的河合先生（化名，三十五歲），也是忙著到處演說宣導坐著時視線不要往下的正確坐姿。來自最高學府的醫學院，一致認為不論走路或坐著都是重要的大事情。

在這些人面前我都坐立難安，但是很多商業人士卻都非常感興趣，還去上這些醫生關於「走路方式」和「坐姿」的課程。

容我說些題外話，義務教育期間，學校的體育課應該不是只有上特定的合球、籃球，而是要學習能影響一輩子健康的「正確走路方式」、「正確坐姿」，這樣健康壽命應該也會延長吧。

有習慣正確且努力運動的人，工作的績效會比較好。**運動是自我紀律、專注力、持續力的展現，也是提高工作效率必要且健康的投資。**

大家都在智力上競爭，所以很難有太大的差距，但生理的基礎建設——身體，卻意外的能拉開距離。

壓力管理

26 提撥「心理壓力準備金」

——成就高的人抗壓性強

「都是那個笨蛋上司的錯，我快發瘋了！」
「都是無能的下屬，害我的生意毀了！」
「我受夠了你的任性！我要跟你分手！」

日常生活中，從小牢騷到大憤怒，讓人生氣的事情太多。

但是，如果每次遇到事情都是「換工作！」、「分手再找一個！」這樣針鋒相對，永遠都不會進步。結果到新的公司、交往新的對象，還是會不斷重複同樣的問題。

工作上給了無用指示的主管、沒有在交期內提出正確資料的下屬、自己有問題不處理還遷怒的伴侶，應該所有人都會覺得不滿。

面對這些人際關係的壓力，要怎麼做才能不放棄，繼續積極努力？

解決之道就是累積「心理壓力的準備金」。

所謂的準備金，以「呆帳準備金」為例來說明，假設銀行貸款一萬元給客戶，會設想一萬元裡面可能有兩千元回不來，一開始就會提列兩千元的損失。

如果兩年後真的只還了八千元，也不會認列損失，因為兩年前就已經有了損失的心理準備，這就是「準備金」的思考模式。

一開始就認定「反正三成都沒有意義」

同樣的，想要減輕人際關係的壓力，累積「心理壓力準備金」很重要。

永遠以一流品質為目標，當然是專業人士的本分，但是實際上很多事情不是靠自己努力就能掌控。面對不講理的現實社會，要學著妥協，在心理壓力方面也要有對策去調適。

主管發號施令時，一開始就要有心理準備：「反正老闆的指令有三成都是沒什麼意義、讓人生氣的內容。」

交辦事情給下屬的時候，要想著：「反正最後大概也只會完成三成，即使都完成了，也都是派不上用場的東西。」

情侶之間也是一樣，一開始就要先打預防針：「他一定會無理取鬧，還認為自己沒問題，亂發脾氣。」

有了「心理準備金」，於公於私發生狀況的時候，你都能夠悠然自得。

在一開始就先有心理準備，預先設想會有不愉快的事情發生，即使真的遇到下屬的工作品質和伴侶的作為很過分的情況，你也不會被掃到颱風尾，而是像在颱風眼一樣冷靜。

了解面對壓力的方法
——領悟「人生不如意事十之八九」就贏了

幸好，這世界上已經有很多先驅者，找出各種面對壓力的方法。

我想推薦的是任教於史丹佛大學的凱莉．麥高尼格的《輕鬆駕馭壓力》，有影片或書籍可以參閱，會改變你對壓力的看法，了解到壓力並非壞事。

再進一步哲學方面的範疇，我則推薦佛學。

每一種宗教都是一種哲學體系，我都抱持敬意，但佛教「諸行無常」的開示特別切中我心。相對於其他主要宗教的一神論、追求永生，佛陀則是說「萬物生滅無常」。人生本就辛苦，如何在苦難中求得平安，可以說是佛教的本質吧。

請提撥人生和生命終點的「心理準備金」，改變想法，領悟「人生不如意事十之八九」，就能達到誰也無法剝奪你幸福的境界。

27

壓力管理

壓力不要留到下個禮拜

——「Work Hard, Play Hard」是一流人士的常識

「超過兩個禮拜不去跳傘，我會焦躁到無法工作。」

這是在MBB（麥肯錫、波士頓、貝恩，三大顧問公司的略稱）之一的東歐辦公室任職（最近離職了）、我留學時代的好友卡波（化名，三十三歲）的口頭禪。他身高高達兩米，肌肉健美。

他說留學之前，他從事的工作是負責對部屬發號施令，但現在卻是被比自己年紀小的主管指使去做投影片的圖表，或是以Excel分析資料。

每次當沒有人情味、也讓人無法尊敬的經理又要他去做無聊的分析，他腦海中總是想像哪一天要把文件丟在地上，大聲怒吼：「這種蠢事你自己做！」然後帥氣的回家，藉此每天保持平常心。

卡波的壓力不難懂，的確，低階的顧問工作，經常會受到資深顧問「不知所以，為了修正而修正」的指示。

而資深顧問的工作，又會被更上一層的經理修改。本來Word三行就可以寫完的提案內容，為了看起來更高級，而做成兩百頁內容龐大、圖文並茂的投影片。這類工作卡波已經覺得很厭煩了。

但是他擁有和工作反差很大的興趣，支撐著自己繼續顧問的工作，那就是週末飛上四千公尺的高空，一躍而下，用一分鐘空中衝浪，讓壓力隨風而逝。

我問：「你還有其他紓壓的興趣嗎？」他則回答：「開私人飛機。」真的要自由的翱翔青空，才能夠紓解在一流顧問集團工作的沉重壓力。

平常壓力越大，越需要特殊的興趣？

說起來，平常壓力很大、在跨國菁英企業工作的朋友，往往有天上飛、水裡潛之類特殊的興趣，來紓解自己的壓力。

我一位非常福態的沙烏地阿拉伯友人（杜拜的顧問），興趣是飛行傘和開私人飛機。

我覺得從高空跳下來很恐怖，不會從事相關活動，但是從以前就熱中於潛入海裡的水肺潛水。同業也有很多潛水同好。

平常壓力越大的人，為了平衡，就會想要利用特殊的方式來逃離現實。

不需要特別從四千公尺的高空跳下來，或是潛入深海，**但是脫離日常工作，擁有滿足自己喜好與欲求的興趣非常重要。**

消除工作壓力所造成的生活不平衡，讓身心都能處於健全的狀態，到了星期一再次全力投入工作。適合自己的紓壓方式，是左右生產效率的重要習慣。

28

壓力管理

一流成功人士看的漫畫

——工作和人生都要有「玩心」

「武貴，你不用勉強自己看《金融時報》啦。如果我沒有在旁邊，你一定會在那邊拚命翻開《週刊SPA!》的封頁吧？」

當我還是新手的時候，在出差的飛機上，我很敬重的上司坐在旁邊跟我這麼說。

他在業界是傳奇性的交易師，但看得雜誌都是《週刊Young Magazine》、《少年Jump》、《週刊SPA!》。

他也曾經認為大人搭電車還看漫畫很丟臉，但是現在這種大人變得很少了，大家都是在看手機，看漫畫的人反而奇貨可居，就這樣將錯就錯吧。他在飛機上也是有空就看少年漫畫，尤其最愛《王者天下》。

我奉承的說：「真不簡單呢。您是為了了解社會動態，做社會學習吧！」但是他卻極力主張：「武貴，才不是呢！我就只是很愛看漫畫而已！」

像這樣在休閒時間閱讀往往被認為低俗的少年漫畫的一流人士不在少數。你一定會認為活躍於世界上的一流商業人士，興趣應該就是欣賞歌劇、音樂劇等等，但實際上，很意外的，在空閒的時候，他們是看漫畫或玩電動。

相反的，半瓶水的一．五流人才，都會閱讀所謂「高尚」的自我啟發書籍。

上司就說：「經常有人會說，看這種漫畫的人很低俗，實在是多管閒事。難道他從這裡看得出工作能力！」他說這番話時的東京腔聽起來很舒服。

順道一提，這位上司唱KTV的時候，也是點傑尼斯、桃色幸運草的歌，即興演出也完全不害臊。

徹底專心，徹底放鬆

我以前為了想要成為一流的商業人士，認為隨時帶著《金融時報》、《華爾街日報》是一種義務。

但是出類拔萃的一流人才，都是非常盡情享受自由的時間。在工作的時候徹底專心，下班後就徹底放鬆，非常講究一張一弛。

常常擺架子「我比較高尚，才不做那些低俗的享樂」的人，我很想要給他們當頭棒喝。

「盡情的享受放鬆的時間吧！來，把《日經新聞》收起來，把藏在包包裡的《週刊SPA!》拿出來吧！」

29

學習習慣

以自己的「二·〇版」為目標

——再怎麼忙都要確保充足的學習時間

「你不能一直只是世界菁英喔！下次見面的時候，你要讓我看看世界菁英二·〇版！」

我在「東洋經濟ON LINE」連載的專欄「世界菁英直擊！」人氣正旺的時候，我很尊敬的一位上司嚴格而溫柔的這麼跟我說。

重點是，**不管現在狀況有多好，如果停止成長就會被淘汰。隨時有所成長、有所變化非常重要。**

的確，一流人才，每次見面時都會發現他們升級為二・〇版，我與他們之間的差距越拉越大。

我很敬重的經濟學家竹中平藏教授，在擔任政府官員時仍保有很棒的讀書習慣，在繁忙的公務中，每天一定會抽出兩個小時來看書。

竹中教授擔任官員時，身邊的人對他的評語讓我印象深刻。

「教授在當官的時候不管多忙，每天一定會撥兩小時來看書。很多人長大之後就完全不讀書，但是教授比誰都還要熱中學習，隨時都在進化、成長。教授昨天跟今天，今天跟明天，都是不一樣的人。因此，即使有人針對過去一直攻擊，也無法命中。」

竹中教授高山仰止，了解之後更顯得崇高。

相對的，如果是二流的人，每次見面都一樣，幾次之後就膩了無話可聊。山從遠處看顯得很高，但是二流的人一靠近就會發現很容易攀爬，沒兩三下就登頂。

人的精神年齡自然成長只到二十歲

人的精神年齡自然成長大多到二十歲就停止（所謂精神年齡的自然成長，是指放任不管也會發展）。精神年齡停止成長的年紀因人而異，有人中學左右就停止，也有人到三十、四十、五十歲都還繼續成長。差異僅有一線之隔，端視是否「不管多厲害也不自滿，保有上進心繼續學習」。

沒有學習習慣的人，只依賴有限的學識與經驗來決勝負。

沒有累積新東西，即使初見面一個小時可以聊得很開心，也會後繼無力。隔一個月再見面、一年後再見面，更糟糕一點的，五年後再見面，都會感覺到完全沒有長進。

相較於昨天的自己，今天有何變化，有何成長？

並不是說每天都要有變化，但是不要當一個月、半年、差一點的一年，最慘的狀況十年都沒有進步的人。

我們不需要時時以二．〇版為目標，但是也千萬不要成為任何時候見面都沒有變化、也沒有成長的人。

學習習慣

30 不在主場也要夠吸引觀眾

——基礎力與廣泛的教養很重要

「嗯，這個人這麼有名，沒想到說話這麼無趣。這樣比自己一個人看 YouTube 教學影片更無聊……」

日前我有幸參加以某國代表為首，冠蓋雲集的餐會。餐會上有讀者一定都知道的知名記者、政府部長級的大人物、金融界大老、知名大學教授等佼佼者齊聚一堂。那時候我體會到，**超一流的人才，對於自己專業以外的領域也有敏銳的洞察力**。聰明才智不僅只於表面的知識，而是基礎作業系統優異，因此應用能力極佳。

不少人除了自己的專業領域之外，完全就是白癡，或是低於平均，只能聊些綜藝節目水準的話題。只能談自己領域的人，一下子就會被看穿，「什麼嘛，原來這個人雖然這麼有名，但也沒什麼了不起。」

不過，真正一流的人，即使在談話或討論涉及的層面很廣，不管哪個部分都有卓越的見解。

這種差距是源自思考力、溝通力、基本的人格，這些腦袋的作業系統是一流，還是二流、三流，以及自己是否只對擅長的領域狂熱。

親愛的讀者，我相信在你們當中也有為數不少的人在特定領域功成名就，是業界的一流人才。但是請你一定要捫心自問，在品行、人格這些基礎作業系統也是一流的評價嗎？還是僅限於狹隘的專業知識和技能？

不只專注於特定領域，而要有廣泛的教養，並砥礪品性，這對於一流的政

治家或商業人士都很重要。

追求人生的「深度」，不要只在工作層面「自我感覺良好」

一位住在祕魯的朋友是個非常喜愛看書、擔任歐洲某國家元首文膽的男士。他說周遭的顧問、金融機構的朋友在他們自己的工作領域實務知識很豐富，但是其他領域卻一無所悉，也沒有意願想要學習而感到遺憾。

的確，這些所謂的菁英，有不少只要踏出自己工作領域一步，是什麼也不願意學的生活白癡。跟這種人只能聊工作，不管什麼時候見面都沒有變化。

簡單來說，在工作層面「自我感覺良好」，但是在教養層面卻是「很差勁」。

不管在誰的土俵，都要當前頭三枚目

我很尊敬的金融界大老，經常把「要能在別人的土俵相撲」掛在嘴邊。這是告誡我們，如果只專注在專業的領域或工作，那麼眼界就會變得狹小。

並不是說在所有的土俵都拿到白鵬關，而是不論對方是誰，都能夠交手，以贏過橫綱或大關，獲得殊勳賞為目標。要讓別人說：「那個人不論在誰的土俵都很活躍。」

不要成為只能重複自己專業工作領域話題的「專業笨蛋」，當周遭的人都取笑他沒教養，只有自己本人不知道的「裸體國王」。

只會用自己的標準去評斷他人，是無法成為真正有教養的人。

對於自己的守備範圍有自信但不自傲，對於他人的守備範圍即使認知不多也要表現出關心與敬意，這種品格的人才真正稱為有教養。

再補充一點
31 永遠都在學習卻不行動的二流人
——勝負關鍵在於執行，而不是光有想法

常常花大錢去那些虛有其表的商學院，或是參加自我啟發講座……一些「自我感覺良好」的人，也是會經常學習。不管學的東西是否派得上用場，一心一意的程度甚至到了「提升技能比三餐還重要」。

不少人會參加各種提升技能的課程，舉凡英語、Excel、會計、MBA之類，只要看起來好像能提升自我，都很熱中。

彷彿如果不隨時提升技能就會很焦慮，一直給人在進修的印象。我不得不說，很多人都是一味的提升技能，卻失去目地的「迷途羔羊」。

例如，他們會被「自我感覺良好」所綁架，去上一些奇怪的商學院（當然

也有一些很好的課程）的學分班，即使對於成就自己的工作或人生一點關係也沒有。然後翻閱厚厚的實質選擇權書籍，不論是否對工作或將來的職涯有幫助，反正就是同時多方面進修。

但是他們最傷腦筋的共同點，就是永遠都不會將想法付諸行動。

他們喜歡接受刺激，但是感動只有三天就冷掉了，絕對不會實行。更恐怖的是，只有在酒醉的深夜，跟後輩瞎扯淡的時候才說大話：

「想要成為有錢人，就要把自己變成『王牌』！」

「工作成功的基本是『乘法』。金融、業務、旅行業，每一百人裡面就有一個，但三種產業相乘，就是百萬分之一的人才！要成為同世代唯一的存在！」

「所謂的領導力，不是有沒有才華，而是有沒有想要學習！」

「自我介紹的時候要有『故事』！」

只是聽某個知名講師講過，就拿來現學現賣，在深夜的居酒屋迴盪。

自己什麼都不會，只學到點皮毛，離「可以實行的深刻體會」還遠得很。能夠做的只有「在居酒屋跟人生經驗尚淺的後輩說教」，當冒牌的評論家。

結果各個層面都只能評論表面，成為什麼都實行不了的二流人。

把學習當藉口，一直在追尋啟發的二流人

我很想從這種二流人的背後緊緊抱住，跟他們說不可以一直處於只有「自我啟發」的狀態。

到了三十多歲的年紀，應該要有更寬廣的視野，在混沌中摸索出自己能夠勝出的方向。一定要冒險推開門，邁出步伐。

經常把學習當成工作，這種人應該要試著問自己：「我到底要學到什麼時候？」

我發現，很多人把不敢付諸行動的猶豫與怠慢，拿「學習」當成藉口，成了一直在追尋啟發的二流人。

新加坡飯店王的訓斥
——「你到底要學到什麼時候？」

我有一個朋友想要從事飯店生意，就進入知名的洛桑飯店管理學院就讀。他在半島酒店、希爾頓飯店實習，在INSEAD念MBA的時候，有機會和知名的新加坡飯店經營者晤談。

飯店王一句：「你到底要學到什麼時候？」對他有如當頭棒喝。當下他才發現，不能光是一直念書而已，只有學習沒有行動也是枉然。

之後他就利用在商學院所學以及人脈，實際付諸行動。

他的構想是讓韓國的不動產業主，將大樓委任給他新開的飯店管理公司改裝，投資資金每件都高達數數十億日元，提案多達幾十件。

即使一次次被拒絕，但是他不理會周圍不可能的聲浪，只是一心一意的繼續跑業務。

MBA畢業後一年後，他承接了首爾東大門絕佳地段的高級飯店。這個小故事給了我們不要藉著學習逃避，要分出勝負，就必須實際行動的啟示，讓我牢記在心。

在教養方面，希望大家能擴大眼界，有廣闊的世界觀。但是關於「自己靠什麼維生」的職業，就不能只是用想的，要用執行力來決勝負。

不能永遠都是以「提升技能」或是「為將來關鍵的那一天做準備」這種冠冕堂皇的理由，一直去參加潛能開發課程。因為「這個課程好有趣」而去學習的人，會被「啟發窮神」附身，一直在追尋啟發，最後無法實現自我。

用企業家精神，讓啟發窮神退散吧！不要只當學習家、評論家、批評家，實際去做一回更重要。

很多人都有相同的點子，差別就在於有沒有執行力（順道一提，獨角獸企業中最具代表性的Uber、Airbnb並不是點子有多新奇，而是比別人先做，在市場上以迅速的執行力而成功）。

「一流的自我管理」重點整理

▼早起

⑯早起不要輸給公雞

你有早起的習慣嗎？早起是生活不墮落的「自我規範」的象徵。

⑰只有在睡覺的時候可以贏過比爾蓋茲

你的睡眠品質好嗎？睡眠的質與量對工作效率有很大的影響。請選擇適合自己且最高品質的寢具。

▼守時

⑱嚴守約定時間和交期

你是不是做任何事情都會遲一點點？遲到或是超過交期，會被認為「無法團隊合作」，喪失信任。

▼優先順位

⑲專業的工作「時間分配」非常重要

你有好好安排時間的優先順位嗎？不要把時間浪費在「看似工作但其實不需要的作業」，適當的時間分配能提高工作效率。

▼服裝

⑳服裝要配合時間、地點、場合——佛要金裝，人要衣裝

你注重外表嗎？配合TPO（時間、地點、場合）的服裝管理，對於工作能力的印象有很大的影響。

㉑正式派對上要精心打扮

你是不是對正式服裝疏於關心？正式派對上要盛裝出席，讓自我光環最大化。

㉒購物不要被他人的評價所迷惑，以「老街的巴菲特」為目標

你是不是買了很貴但用不到的東西？不要被他人評定的價值所迷惑，要有獨立思考的能力，購買性價比高的物品。

㉓無法認同的錢，一毛都不浪費

你是不是浪費在不必要的東西上？對金錢錙銖必較的人，會得到最後勝利。

▼健康

㉔兩個月瘦二十公斤也是應該的

你是不是疏於體重管理？體重管理不只是健康管理的問題，還是「自制力」的象徵。

㉕喜歡運動的人，站坐立臥都是學問

你有認真在做健康管理嗎？健康是意識、動力、各種思考及行動的基礎。

▼壓力管理

㉖提撥「心靈壓力準備金」

你抗壓性強嗎？控制對自己和對對方的期待值，就可以好好面對壓力。

㉗壓力不要帶到下個禮拜

你有徹底紓壓嗎？「Work Hard, Play Hard」是多數一流專業人士的基本態度。

㉘沒有玩心太無聊

空閒時也都在學東西嗎？工作和人生都一樣，一張一弛很重要。

▼學習習慣

㉙追求成長，以自己的「二・〇版」為目標

你是不是經常花心思在自我成長，在忙碌中也保有學習習慣？人不能光靠「老本」，「變化」也很重要。

㉚不在主場也要夠吸引觀眾

你是「專業白癡」嗎？不要只專注於專業領域的知識，廣泛的教養也很重要。

▼再補充一點

㉛不要被「啟發窮神」附身

不要光是進修，卻沒有實際行動。停止當評論家，實際跨出第一步吧！

3

一流的心理素質

一流與二流之間
的關鍵差異

Mindset

腦袋精明，學歷又高，前面提到的工作基本功和生活習慣也都具備。

很多人這些條件都很完美，卻是默默以終。

頭腦很棒，工作能力不差，生活習慣也不錯，卻沒有辦法成為一個成功的商業人士，這些人最大的特徵就是「心理素質」太弱。

這裡討論的心理素質，分為「企業家精神」和「提高眼界」。

企業家精神	提高眼界
1 自主性	3 講究工作品質
2 先見之明	4 保有危機感
	5 超乎期待

這些心態造成了能夠自我實現的領導者，與會讀書、但不會工作的人的區別。

一流的人該做的事情會自己決定，並且會積極的向主管提案：「這也一併做起來比較好。」

相對的，二流的人會每天盯部屬：「不是跟你說不要做比較好嗎？」

因此，不管頭腦再怎麼好，只做自己職責範圍內的事情，永遠都翻不了身。

各行各業都會因為有沒有自主性而區分為一流和二流。

搭乘到機場之類長距離計程車的時候，跟司機聊景氣狀況和客人人數的變化、如何提高營業額等等，可以學到很多。

某一次，我遇到一位營業額超過企業，居於業界之冠的司機，他表示：「業績好的司機，絕對不會跟大家待在候車處等客人，而是自己思考，自己跑車去找客人。」

他也說：「自己思考假設，如果業績也如預期變好，就會很開心。」

會自主思考的司機，不論在待客禮儀、速度、安全性上，各個層面的顧客滿意度都很高。

一流和二流的心態差異，一言以蔽之就是，**「有沒有主動以最高水準的工**

作表現為目標」。

各位讀者們是不是有拉高眼界，設定更遠大的目標，做出超乎顧客與公司期待並充滿感動的工作？

我們經常會感受到，在工作開始前，目標設定的大小、眼界的高低已經決定了勝負。功成名就的人或公司，一開始就以第一為目標，因為目標很高，自己會為了改善而想出很多點子，成長也很快。

你是不是不需要上級開口，就已經事先想到下一步該怎麼做？有沒有做出超乎期待的工作，提供比他人更高的品質？顧客滿意的口碑和風評，能讓事業更加壯大，這是所有商業的共通點。

你是否具有危機感，並且比別人在更短的時間內實行，主動擴增工作領域嗎？

當周圍的人都自然而然的認為：「為什麼這個人還不能更上一層樓呢？他做得比主管更有價值呢！」總有一天，你會變成真正的領導者。

一流領導者的共通點就是在所有人的眼中，比任何人都還要講究做出世界最高水準的工作。

本章將詳述「一流的心理素質」，一起來思考吧！

32

自主性

上級交待的工作當然很無聊

——找到想做的工作，先做先贏

「武貴，工作這回事，就是找到自己想做的工作，然後先做先贏。」

這是我非常尊敬的田町先生（化名，五十二歲）給我的職涯忠告之一。

「千萬不要以為努力的做上司交辦的事情，對方就會獎勵你，讓你有機會做自己想做的工作，這種想法太天真了。」

「想做的工作要自己去創造。如果做得順利，其他人就不太會干涉。即使因此被炒魷魚，只要是自己真的很想做的事情，應該也能夠釋懷。」

田町先生一路晉升到大企業集團高階主管的地位，在日本金融界、產業界身經百戰，所說的話特別有說服力。

「上級絕對不會交辦有趣的工作」和**「有趣的工作先做先贏」**，是在職場闖蕩絕對不能忘記的大原則。

但也絕對不能說：「我只做喜歡的工作就好！」應該是說，**要做喜歡的工作，是先把不喜歡、但一定要做的事情好好做完的人才享有的特權**。

交代新進員工：「田中，把這份資料做成PowerPoint！」對方卻回答：「不要，我只做策略規畫。」那不就太荒唐了嗎。

基本上，有趣的工作主管會自己做

如果該做的事情都做完了，卻呈現準備讓主管交辦無聊工作的樣子，或是沒事坐在椅子上發呆，那就會錯過「可能只有在這家公司才能做的工作」。

「主管交辦的工作九九％都不好玩」、「有趣的工作主管都自己做，不會到我這邊來」，除了像下一章提到的少部分一流主管之外，這是各行各業不變的真理。

不管哪家公司都有很多待解決的問題，如果你不能從中發現自己想做的事情，找到只有自己才能做的特定問題並提案，被當作「不會自動自發，只是單純接受上級指令的上班族」，被看扁也無可辯解。

即使交辦的工作做得再怎麼好，主管也不會給你有趣的工作、你想做的工作。

「有趣的工作先做先贏」，自己是不是能主動找到有趣的事情，是工作成敗的關鍵。

33

自主性

自己思考該做什麼事情

——主動成為「工作的起點」

「要做什麼對公司比較好，去思考並提案不也是武貴你的工作嗎？」

在還是新手的時候，我詢問公司每一位主管對我的工作有何期待，他們如此回答：

「希望武貴將個人網絡擴張到生意上。」

「把以往投資企業的典範實務導入公司。」

也有主管會具體且詳細的指出希望我做的事，但讓我印象最深刻的還是文章開頭社長的那一段話：「要做什麼對公司比較好，去思考並提案不也是武貴你的工作嗎？」

原來如此，如果工作的目標是由上司訂立，就稱不上是自己握有工作的主導權。這種被動的心態，自己無法找到有趣的工作，當然也做不出好工作。

「不是自己主動去做的工作不會做得好」是工作的大原則。如果不是自己覺得有趣而主動全力投入，也不會有好的成果。

被動的心態會限縮自己的強項和工作的範疇

如果所有工作都是由上司指定，那麼自己的差異化要素將變得極少。在老是被交辦不擅長的工作搞到意志消沉之前，要找到自己的強項，創造出有趣並且能夠從中學習的工作。

如果不能自主性的工作，那麼即使把工作做好，功勞大部分也是交辦你工作的上司拿走。不管你有多勤奮，工作做得有多出色，只要主管說「那件事是我交待他做的」，功勞就是算在主管頭上。

「在公司你該做什麼才最有貢獻？要做什麼工作才能發揮自己的長才，在享受工作的同時做出最大的貢獻？」

「你自己有幾次主動成為業務和專案的起點？」

不去思考這些問題，只是照著指示做事，那永遠都是二流的人。

不擅長、沒興趣的工作，即使努力做到好，成果也不會讓人驚艷。主動找出自己感興趣、能發揮長才，並且對公司和客戶都有好處的工作非常重要。

「自己主動開始的工作才會產生責任感」，這也是工作能堅持到最後的原動力。

當然別忘了，先盡到自己的義務，把眼前該做的事情完成，才有資格談自主性的工作。

主管交待開會的資料下個星期五交，卻沒有準備，被主管責罵：「你在做什麼！」還辯解：「我在思考要做什麼對公司才是戰略性的重要事項。」這種態度就是把工作的順序本末倒置了。

必須先完成自己的義務，再來思考有趣的工作。

34

先見之明

洞燭先機，以長期利益為優先

——不要遇到狀況才來反應，要預測狀況

「那個人總是主動出擊。」

這是某家大型投資公司的主管在評斷老闆時經常會使用的形容詞。

反應型的人就如同字面上所述，在事情發生之後才去思考對策，屬於後知後覺。相對的，主動型的人，在狀況還沒發生之前就洞燭先機，模擬狀況發生。

當然，未來會發生什麼事沒有人知道，但是透過解析各種狀況，大抵可以預測可能發生的狀況，並事先規畫對策，這點非常重要。

例如交男女朋友的時候，等到雙方之間已經發生問題再來解決，通常為時已晚。

首先要了解對方到底在意什麼，然後小心不要去踩地雷。工作上如果也像把交往對象的地雷每一個都踩爆，代表沒有工作能力和那個心。

經營公司的人當然會很惶恐謹慎，會去預測一年後、兩年後、十年後的重大狀況，預防風險因素真的炸開，最後無計可施而倒閉。

預先思考未來會發生的風險，並事先預防，例如簽約或發展事業之前的交涉，都是將來命運的分歧點。

對未來的事情能否洞燭先機，是一流工作方式不可或缺的一環。

先見之明，以長期利益為優先

這世界上反應型的人絕對比主動型的人多，所以只要稍微預測未來並做好準備，就會成為很大的強項。

不要像其他人一樣拚命思考如何應付眼前的狀況。要把時間軸拉多長來思考，要預測多遠才能做好萬全準備，你的深思熟慮會讓周圍的人對你的印象大為改觀。

短期的事情大家努力一點都想得到，很難突顯差異化，能考量到長期的人很少，很容易看得出一流與二流之間的差異。

人會為了眼前的蠅頭小利而奮鬥，很意外的，對於長期的巨大利益卻漠不關心。

能夠以長遠的眼光思考事物的人會成功是其來有自。

35

先見之明

過分戰戰兢兢的二流菁英

——先驅者將贏得大勝利

「艾哈邁德，為什麼你這麼早就決定進入Uber？」

這是我和非洲某國的朋友，一位原本是投資銀行家的超級帥哥，最近所聊的話題。

他放棄投資銀行的高薪，進入當時知名度尚低的Uber，之後被拔擢為負責好幾個國家的重要主管，二十多歲就已經藉由股票選擇權躋身富豪之列。

目前被評價有數兆日元市值的Uber，在他進入之初只有三千億日元。數年後，市值已經成長了二十倍。

以剛進公司時股票選擇權的價值來計算，人生何止翻了一倍。但是在金錢之外，以弱冠二十八歲之姿被賦予重責大任，以及對世界各地古老且巨大的計程車產業造成創造性破壞的莫大成就感，讓他非常滿足。

艾哈邁德能夠下定決心離職的理由，第一是因為在職場以優異的評價建立了良好關係，任何時候都可以回到原公司，所以覺得風險很低。在任何國家都一樣，「現職關係良好」是轉職時最大的避險方式。

另一個契機是對方熱情的邀約。

那個時候，周圍的朋友，連我在內都不知道Uber是什麼，但是他聽了一位在Uber工作的MBA學長的工作情形，覺得很有趣，就想要身先士卒挑戰新的商業模式。

看看我周遭的人，不論收入或工作價值上，年紀輕輕就累積到可稱為極度成功的財富，都是在其他人尚未行動之前，就以「先驅者」之姿甘冒風險投身其中。

我身邊身價高達數十億、數百億日元龐大資產的人、能創造驚人財富的人，都有著共通點，那就是在巨大浪潮來臨之前成為先驅者，迅速的投入，搶在競爭對手前成為第一人。

在市場坐大之際，競爭對手開始動作之前，就已經把客戶集中到自己的公司，因此與競爭對手拉開距離。

「純粹因為比較早開始」會比競爭對手更快累積的工作實績與信賴。

只敲石橋不過橋的二流菁英

相對的，各位資質優異，絕對比那些創業者聰穎，但是卻只想不花力氣，當個員工就好，那就是「跟隨者」。

總之，認真有餘，但冒險不足的性格，過分慎重思考，「只敲石橋不過橋」，甚至把石橋都敲壞了。

在考試中脫穎而出的菁英們，似乎非常喜歡紅海（競爭激烈的市場）。要是競爭對手不夠多，反而會感到不安。

但是，如果競爭者已經太多，就輪到雇主從眾多的優秀面試者中挑選部屬。結果被雇用的跟隨者菁英們，做得辛苦，收入又低。

如果你有想要賺大錢做一番事業，請先摸著自己的胸口想一想：

「自己懷疑的常識是什麼？」

「自己想要解決的問題是什麼？」

「自己在這個領域能成為競爭對手的先驅者嗎？」

「自己能比競爭對手先行動嗎？」

在未來想要奮戰的領域，如果不是成為先驅者，將很難在業界享受到好評與信賴。

行動太遲的跟隨者們被捲入激烈的競爭中，人生就在為了成就上司而工作中消磨。

這裡給我們的啟示是，相較於才智過人卻過度慎重的人，讀書能力平平，但是具有先驅者行動力的人，成功的比例更高。

36

講究工作品質

連選擇紀念品都要很講究

——只有講究工作品質的人才能獲勝

「你對工作要多要求一點！不要馬馬虎虎！」

在我還是新手的時候，我很尊敬的主管所說的一番話，至今都還深深烙印在腦海中。

主管說，對於每一份工作都當要成自己的作品，要全力投入。他自己實際上也是在細節處有很多考究。

資料也好，訊息也罷，從內容、排列順序，到年月日的日期格式，如果都要符合要求那一輩子都做不完。

這位主管對於細節的考究，最讓我佩服、至今仍忘不了的是「紀念品事件」。

我在新加坡工作的時候，曾經主辦論壇，邀請來自世界各地的客戶參加。對於邀請的對象、該準備什麼資料、餐點、會場布置等的講究我能夠理解，但是讓我最訝異的是對於「當天送的紀念品」也很講究。

我也參加過世界各地舉辦的各種會議，從來沒有收到值得紀念的東西。因為會議的紀念品大多是沒有用的物品。

印著主辦單位的商標、你絕對不可能拿來使用的土氣包包，或是現在根本派不上用場的鉛筆組，還有衛浴公司送的馬桶造型手機吊飾等等，都是一些不需要又讓人頭痛的東西。

我認為紀念品這種東西根本不會有人會在意，還花那麼多時間討論，完全是滿足個人喜好。

但是主管卻在論壇的準備會議，跟超過二十位以上的準備會委員花了好幾天，夸夸而論：「要準備什麼紀念品？」「紀念品要用哪種包裝紙？」「包裝紙要配哪種蝴蝶結？」

嚴選紀念品，展現終極講究之道

一開始我心裡吶喊著：「你也做些對得起你高薪的重要工作吧！」但是最後看到紀念品的成品，對照之前的一切流程，我對自己錯誤判斷感到羞愧，也改變了想法。

最後的成品是燒製成唯美淺橘色的茶杯組，顏色恰好跟公司的商標一致，很有美感。茶杯的製作是委託當時公司旗下的瓷器公司，還附上公司投資的餐飲公司的茶包。而且為了讓客戶日後能夠直接下單購買茶杯組，還很細心的附上業務的連絡方式。

並不是抱持著「只是紀念品而已」的想法而草草了事，其中隱含的心意，以及超越紀念品層次的目的與意義，經過徹底的討論，全部濃縮於這套茶杯組中。

最後交到客戶手中的茶杯組，每一個說明都宛如講解名畫的構圖與主題一般，隱含深遠的訊息。

「為什麼準備這樣的紀念品」，解說的部分更是看到一流工作與講究的精髓。

只是紀念品，但不只是紀念品。

不管多微小的工作都講究細節的作風，會讓人期待重大工作也一定會非常講究。

你對每一個工作的品質有多在意，以什麼為理想的「眼界高度」，都會展現你對工作整體的態度。

37

講究工作品質

吃壽司付的是哲學費

——工作要有哲學，更要把哲學的價值提供給顧客

「壽司的價格，買得是壽司店的哲學。」

東大畢業，長年在歐洲金融集團從事基金業務的萌子（化名，二十八歲），從初次見面她那不輸一流搞笑藝人的吐槽功力，以及超級樂天的態度，讓我不知所措。

在東京市區有一間我非常喜愛、蒐羅世界各地啤酒的酒吧裡，我和跟我大學學弟同一家公司的萌子，聊起「東京都內最好吃的餐廳」。

「老實說，壽司店的味道沒有太大的差異，但是為什麼板前壽司和數寄屋橋次郎的價格差這麼多？」正在討論的當下，她說了一句絕妙名言：「壽司的價格，買得是壽司店的哲學。」

身為壽司迷的她覺得現在平價的連鎖壽司店，也會有新鮮、高品質的壽司。相較於電視節目介紹、獲得米其林認證的高級壽司店，某連鎖壽司店的味道，並不像價格一般有天壤之別。

但是這中間十倍的價格差異，萌子斷言：「我們付的錢，買的是壽司店『我想要這樣做壽司』的哲學。」

例如，東京都內某壽司老店，壽司飯都是用特定的土鍋烹煮，使用特定的紅醋。「其實用紅外線IH電鍋煮飯，加上普通的壽司醋還比較好吃」之類效率性完全是次要考量。

壽司配料仔細切出交錯的刀痕，不過，如果會說出「這樣價格就要比別人貴三倍，還不如就直接拿出新鮮三倍的配料」這種庸俗之見的人，絕對不會去這種壽司店。

因為認為醬油有畫龍點睛的效果，所以事先塗抹適當的分量才上桌，但是對於不太沾醬油吃的人，就會覺得沒辦法依照自己的喜好來調整，非常不自由。

但顧客就是因為這些「堅持」而多付了十倍的錢。

一流人士對於工作最高水準也有所堅持

說起來，過去曾經也受到一位一流上司的關照，帶我到非常高級的壽司店去用餐，一邊笑著一邊激勵我：「要做出這種一流的工作！」

那個時候口味鮮美自不待言，壽司師傅氣質凜然，注重細節的工作神情，讓我非常感動。

回想一下，自己對於工作，究竟抱有幾分「因為是我做的，所以要特別講究」的心態？

我們不需要半途而廢的雜學，而是要思考，究竟什麼是一流工作的哲學，以及是不是有把哲學的價值提供給顧客。

提供給顧客的商品或服務，與競爭對手相較，乍看之下可能沒有太大差異，但是即便如此還能獲得高評價的成功一流人士，可以說是對自己的工作有一流的堅持，有自己的美學和哲學。

38

保有危機感

保有危機感和競爭意識

——意識到競爭對手的存在，不要忘記緊張感

「我們認為自己是第一名，不知不覺就怠慢下來，失去危機感，說不定早就喪失獨占鰲頭的地位了。」

這是新加坡某位我很尊敬的上司，在會議上為了讓團隊成員上緊發條，經常會如此告誡大家。

危機意識的養成，是一流領導者需要擔負的責任。

將三星培育成龐大企業集團的李健熙會長，從三星智慧型手機風靡全世界

的顛峰期開始，就有意識的培養員工的危機感。「現在暢銷的產品十年內就會滯銷。」「除了老婆、小孩之外，其他的東西都可以改變。」隨時強調危機感和改變的必要性，以快速的經營風格而聞名。

高層領導者懷抱危機感的對象，包括因為新產品開發太慢而造成顧客滿意度下降、組織需要不間斷的變革和領導者的養成等多方面。

回想一下，人類或動物的演進，是一部為克服危機而進化與變革的歷史，對生存競爭有危機感，正是勝出的原動力，這麼說一點也不為過。

面對競爭，養成危機意識

現代人相較於其他動物，危機感低落。

我喜歡動物，尤其是獅子、老虎，經常在影片網站搜尋獅子、老虎的英姿。不知道從什麼時候開始，出現了很多「獅子對老虎」、「熊對老虎」等猛獸對決的影片。擁獅派、擁虎派、擁熊派等猛獸粉絲團，熱烈討論哪一種動物最強。我不會參與這些討論，但是看猛獸之間的爭鬥，卻是非常殘酷。

看猛獸之間的爭鬥，才會發現自己一直在逃避競爭的社會。

現在說「競爭」這回事，聽起來好像很落伍，其實，人類本來就是透過競爭、改變才能存活下來。自然界能夠活下來的，不是最強的，而是最懂得改變的。而改變最大的原動力，就是面對生存競爭的危機意識。

我也不是鼓吹溫和的讀者們從現在開始就變成「資本市場的獅子」，把競爭對手碎屍萬段。我只是希望大家能夠想起，只要活著就會有激烈競爭這個所有動物都必須經歷的自然真理。

為了讓大多在公司工作的讀者們能夠參考，我用更現實的狀況來舉例。

我會引以為戒，嚴酷的想像自己現在所做的工作，一定有人可以拿得比我更低的薪水，但做得比我更快、更正確，這麼想自然就會帶著緊張感，挺直腰桿工作。

習慣承平、方便的社會，喪失危機感的我們，要有自己的工作會被搶走，要跟競爭對手比拚的意識，保有危機感，發揮超過分之百的能力。

39

保有危機感

要有「這是最後機會」的迫切感

——能幹卻沒有成就的人，就是因為缺乏迫切感

「下次沒機會囉！工作的時候要想著這是最後一次機會！」

我很敬重的一位香港前輩，在香港中環區某家高級餐廳請我吃牛排的時候，對我嘟噥了這段話。

想要鞭策容易怠惰的自己，做出超越極限的工作，方法之一就是把自己逼入絕境，想著：「這是最後機會，如果沒做出成績，之後也不會再有機會了。」要有迫切感。

不只是優秀的人，尤其是現在差一步就到達一流明星選手的一・五流商業人士，更加重要。

無奈的是，還算能幹的一・五流人，往往會陷入「能幹的陷阱」，不會全力以赴。這種偷工減料的心態，就是無法成為真正一流人的最大瓶頸。

無法成為一流的人，其中一項特點莫過於「粗心大意」。

仗著自己頭腦還算不錯，覺得重點差不多有抓到就好，什麼都保持著差不多就可以的心態，毫無「發揮潛能，一定要做出最棒的工作」的迫切感。

粗心大意會害死人，但是對他們來說，粗心大意是好朋友，也是親密夥伴。

他們做任何事情都沒有緊張感，認為：「隨便做做，應該就可以達到那種程度吧。」絲毫不努力，只是樂觀的觀望。根本上來說，對他們而言，即使失敗了，最後也會平安無事，所以他們才會經常粗心大意。

勝負關鍵不在於IQ，而是專注力

匯聚全球高階人才的職場，早就不是以智力這種個人差異來區分的世界。

不用說，大家的聰明才智都有一定程度以上的水準，如何將能力集中發揮於每一項工作上，才是勝負的關鍵。

優秀但是散漫的人不知不覺就會懈怠，尤其是「不見棺材不掉淚」類型的人，一定要逼自己上緊發條。

每天都要鞭策自己，要保有緊張感、迫切感、危機意識，才能做出超乎期待的工作。

40

超乎期待

做超出薪水與職位的工作

——「沒有自己就做不下去的工作」有多少

「能夠獲得晉升的人，是工作表現超越現在薪資、職位的人。還有，『如果這個人不在就無法運作的工作』有多少也很重要。」

在東京都港區六本木，知名投資基金的負責人清家先生（化名，四十九歲），邀我到豪華的私房義大利餐廳用餐時這麼說。

清家先生是看了我的出道之作，因為覺得有趣，所以邀我一起吃晚餐。這麼有頭有臉的人，帶著祝福之意請我吃晚餐，覺得非常榮幸。

當我詢問成功大老闆出人頭地的條件，「你有沒有做超越自己的薪水、職位的工作」是清家先生的答案之一。

我自己以前也問過上司晉升的標準為何，他告訴我下列五點：

① 所做的事情比領到的薪水還多嗎？
② 所做的工作超乎目前的職位嗎？
③ 有多少事情是沒有這個人就沒辦法做？
④ 因為這個人存在，組織有什麼好的改變？有為組織留下資產嗎？
⑤ 同樣薪水找不到能做出相同工作品質的人

其他不同的主管給的答案也幾乎相同，所以這五點可以說是晉升最不可或缺的核心重點。

如果以上任何一點你都沒有，是不是有受到驚嚇？

可有可無的人，加薪、晉升的機會都很少

想要晉升，所做的工作要超乎現在的薪水及職位是理所當然，更進一步的關鍵就在於第三點「有多少事情是沒有這個人就沒辦法做」。

回想自己在打部屬考績的時候，去除個人主觀意識，也是以「這個人辭職的話，工作就沒辦法進行下去了」作為留下這個人最大的理由。

相反的，「看起來像是有在做事，但是不在好像也不會有什麼問題」類型的人，很遺憾的，加薪、晉升的機會很渺茫。

大部分的人都希望能夠升官加薪，但是工作表現遠低於薪資與職位，工作貢獻度可有可無的人多到讓人吃驚。

這種人才會只做無關緊要的事情，然後高分貝的抱怨：「我做了這個！也做了那個！公司卻都虧待我！這種公司我不要待了！」結果一說出口，公司完全是「等你好久」的心態，就順水推舟讓他自請離職。

你現在所做的事情有超越公司給的薪水和職位嗎？還有，你不在就做不下去的工作有多少？

如果都是做一些「你不在也可以運作的工作」，那也不用期望未來職涯的發展了。

41

超・乎・期・待・

平日的工作要「多走一哩路」

——「超越自我極限與期待的態度」將決定勝負

「你自己的工作有『多走一哩路』嗎？」

這是我在多家專業集團（顧問業、金融機構）進行考核的時候一定會問的一句話。

所謂的「多一哩路」（extra mile），是許多家跨國專業集團評定考績時經常會使用的用語。

也就是要評定「有沒有比一般人多一點努力」、「是不是非常努力想要超越自己的極限」的心態。

投資業界的前輩磯野先生（化名，四十歲），不論是前職或現職，都以頂尖分析師之姿活躍於職場。

磯野先生要離開上一家公司的時候，當時的財務長奉上雙倍薪資，拚命的想把他留下來。

被競爭對手進行挖角面試時，現在公司的執行長甚至還特地從紐約總公司打電話來慰留，是公司非常重視的人才。

私底下最愛流連於香港、新加坡、赤坂夜店的磯野先生，為什麼總是能坐穩分析師的第一把交椅？

我詢問磯野先生有什麼祕訣，他說：「我是工作和休閒完全切換，工作上絲毫不妥協。」他還說：「因為我比其他人『多走一哩路』」。

不只是磯野先生「多走一哩路」，如同文章開頭所述，這是很多跨國專業集團的價值觀。

我前一家公司的考核項目中有一項是：「你有為『多走一哩路』付出努力嗎？」其他的公司也都有「是否有超越臨界點」、「超越自我極限」的項目。

「多一微米」的努力正是伯仲之間的勝出關鍵

在每天的工作中，有沒有「多走一哩路」，是日進斗金、到處都很搶手的超級分析師，與薪資微薄、人手不足的時候雇用，景氣不好就被裁員的普通分析師的分界線。

就像一百公尺短跑成績九秒五，和十秒的人，年收入差距高達三位數以上。當大家勢均力敵的時候，只要比競爭對手多努力一點點，就會出現天壤之別的成果。

以磯野先生的狀況來說，如果有印尼銀行的投資案，不只是雅加達等大都市，連鄉下地方的分行他都會去探訪。他會跟在櫃台排隊的大嬸們聊天，「為什麼把錢存在這家銀行，而不是其他銀行呢？」他所做的調查，是其他人不會做的程度。

那些窩在有冷氣的會議室裡，呆呆看著簡報投影片的競爭對手分析師當然完全沒有勝算。

回想一下自己平常的工作情形，你是不是有「多走一哩路」到別人無法到達的地方？

即使無法「多走一哩路」，那「多走一微米」也好，一定要隨時捫心自問是否有做出超乎期待的成果。

平常的工作做超乎期待的努力，即使只有一點點也好，這才是嚴酷競爭下勝負的關鍵。

42 超乎期待

在公司留下「資產」

——你離職之後會留下什麼？

「預測股價是武貴的工作，做得好是應該的不是嗎？反正總有一天會離開公司，你一定要思考，在職的時候要留下什麼『資產』。」

當我還是新手時的時候，主管在考核面談時這麼跟我說。

「資產」是指「一個人離開組織後留下來的財產」。即便你離職不再領薪水，還能夠持續為公司帶來正面效益，對於公司來說沒有比這個更值得感謝的了。

工作超乎期待的一流人才，在人才市場上很搶手，在公司裡也容易獲得晉升。

仔細想想，上班族要達成的目標應該超過所拿的薪水，這是理所當然的事情。能夠做到這一點，再加上「在組織留下資產」，就是與競爭對手差異化的重點。

以這個觀點來看，二流的人不會在組織留下任何資產。因為他們只在乎眼前的利益，在人際關係上也只想要獨占，工作上神神祕祕，只要自己不在組織就無法運行，藉此確保自己在公司的價值。

對於一流的人來說，為了讓工作在自己離開後仍然可以順暢運行，在人際關係和工作的機制、自己的見解，都會和組織的人分享。

自問「如何讓公司因為自己的存在而變得更好」

到目前為止，轉職的時候，前東家是不是因為自己曾經待過那家公司而產生了正面的組織變革呢？在離開現職到下一家公司之前，是不是也能為現在的公司留下資產呢？

自問是否有為公司留下典範，是重新從另一個角度，也就是從公司的角度審視自己的貢獻，「意外發現自己做的事情其實沒什麼了不起」，也能喚起自己謙虛的的心態。

「是否有留下典範」的自問自答，也是客觀衡量自己領導力的指標。

以到國外主要商學院留學的人，在寫申請函的時候也要回答「之前曾經留下什麼功績」之類的問題，推薦者在寫推薦函的時候，也會經常被問到：「這個人對你們的組織有什麼貢獻？」

思考自己「是否能給組織、公司超乎預期的貢獻」，問問自己想留下什麼資產，可以端正自己的態度。

「留下資產」的生存方式，這件事的重要性不僅限於一家公司或自己的職涯，在漫長的人生結束時，在前往天國或地獄之前，究竟為後世留下什麼遺產，在思考人生的層面上也適用。

43 再補充一點

「意志力」要用對地方

——那些不顧他人反對，失敗了一定也會再奮起的人們

「只要有元氣，什麼都做得到！」

這句台詞日本讀者應該無人不知、無人不曉，在「一流的心理素質」這一章最後登場的是燃燒的鬥魂——安東尼奧．豬木先生。

以前因為「世界菁英直擊！」專欄的企畫，曾經有機會跟安東尼奧．豬木對談。

跟豬木先生談話時能強烈感覺到滿滿的鬥志，「做其他人認為不可能的事情」那種自信的強大。

當時大家都認為不可能跟拳王阿里對打，但是他努力實現了，而且還跟阿里成為摯友，這件事成為豬木先生信念的起點，還以「跟阿里對打過的男人」之名，闖蕩國際，建立個人人脈。

豬木先生因為感念師父力道山，所以積極和北韓打交道，甚至到了可以直通權力高層的張成澤（現已被處決）的程度。

不只自己生活過的巴西，包含古巴、伊拉克、前蘇聯、北韓等和美日都不友好的敵對國家，豬木先生也和該國的領導階層建立關係，靠自己的努力完成了不可能的任務。

對於很多人強力反對的北韓訪問，不管周遭的人大聲鼓譟：「放棄吧，不可能辦得到。」豬木先生仍然沒有動搖。

應該說，越是反對，就能激發豬木先生的腎上腺素，「我最後不是跟阿里對打，還變成好友」這個體驗所得到的自信，讓他能在自己的路上勇往直前。

即使其他人都說不可能，也要相信自己

豬木先生那種「不管別人怎麼想，我相信自己」的強韌，即使大家都認為不可能，他也會先相信自己，了解自信的重要性。

豬木先生非常有個性的生存方式，有好有壞，是非常有意思的例子。

在不局限在職業摔角的範疇，展開異種格鬥技戰，並且實現和當時世界超級巨星拳王阿里對打。異種格鬥技戰成為了職業摔角界的典範，即使豬木先生離開擂台，仍然為業界留下了偉大的資產。

活動的範圍也不侷限於擂台，從打撈沉船寶藏到轉戰政壇，在北韓動員數十萬人舉行職業摔角賽等等，「即使別人說不可能，我仍然相信自己會實現」的強韌，是非常值得學習的地方。

本來最了解自己的人就是自己，能不能相信自己，也就是有沒有自信，是培養人格最重要的一環。

因此，如果能夠在人生早期階段要找到取得自信的對手，也就是你的拳王阿里，不要害怕失敗，勇敢挑戰，就會成為日後自信的泉源。

的確，成功的人（做到自己想做的事的人）很多都是經過多次的失敗。大家都知道，發明家愛迪生的失敗之作也是史上最多。

達成目標最重要的不是聰明，無關ＩＱ，而是即使失敗也不畏懼，並且以此為養分再次奮起。從失敗中獲取教訓，變得更有「彈性」，以及失敗了也不挫折，跌倒了就再爬起來的「耐性」更重要。

以前一位知名投資家曾經說過：「創業成功最適合的訓練，就是年輕的時候常常去搭便車。大部分都會被拒絕而受傷，反覆練習後，就會領悟到『被拒絕幾百次都不放棄的人才有機會』。」

我想很多人應該都能認同，**年輕的時候就遭遇過失敗，並養成從失敗中再站起來的習慣，是非常重要的事。**

沒有適性，光有強韌的意志力也是悲劇

但是，不能光是「從失敗中再站起來」，同時要從失敗中學到東西。挑戰

失敗的時候，如果是不適合自己、贏不了的領域，一再的跌倒、爬起來，那也很頭痛。

我大學的學弟田岡君（化名，三十四歲），每次考會計師都名落孫山，讓人不禁懷疑是不是永遠都考不上。他考試經驗之多，可算是特例。

田岡君最傷腦筋的就是堅持己見，「我都已經努力到這個時候了，現在怎麼能放棄。」

田岡君不屈不饒，好了瘡疤就忘了痛的挑戰，提醒了我「堅持到最後的意志力」及「放棄沉沒成本的乾脆」之間平衡的重要性。

會計師考試一再落榜的他，每次大家都會舉辦激勵會鼓勵，但是對於他的不服輸真的覺得於心不忍。

同時期考試的人，已經都順利高升，成為資深經理，但田岡君今年還是以會計師為目標，繼續努力。

「意志力用在不適合的領域也不會有成就」，對於他異常的意志力，我打從心底非常擔心。

「一流的心理素質」重點整理

▼自主性

㉜上級交辦的工作當然很無聊

你有主動成為工作的起點嗎？喜歡的工作要自己去尋找，先做先贏。

㉝有趣的工作要自己主動安排

對於工作，你有自己提案想做的事情嗎？被動的心態將限縮工作範圍，無法發揮自己的強項。

▼先見之明

㉞不要被動反應，要主動出擊

不是看狀況才做出反應，而是要模擬狀況，預測未來會發生的事。懂得以長時間來思考的人最強。

㉟不要成為敲石橋卻不過橋，還把橋敲壞的二流人

你能成為先驅者嗎？比競爭對手更早動起來的先驅者，將打敗過度慎重的完美主義者。

▼追求工作品質

㊱連選擇紀念品都要很講究

每件小事都有要求品質嗎？講究工作細節的人才能勝出。

㊲向一流壽司店學習，做出有哲學、美學的工作

自己的工作是雜學，還是哲學？做一流的工作，當中的哲學會讓價格截然不同。

▼保有危機感

㊳不要忘了還有更便宜、更快速的競爭者存在

工作的時候你有競爭意識嗎？具有危機感、敏銳的察覺變化的人，才能

有所變革。

❸❾機會不是常常有，不要半途而廢

工作的時候是不是有迫切感、全力以赴？是不是有好好利用難得的機會？聰明卻無法成為一流的人，特殊才能就是「半途而廢」。

▼超越期待

❹⓿做超出薪水與職位的工作

「自己不在就無法運作的工作」有多少？同事的滿足與客戶的好評，會讓工作和責任更大。

❹❶每天工作都要「多走一哩路」

你有為了超越自己的極限而努力嗎？做超乎他人期待的事情，是所有商業的基本。

❹❷在公司留下典範

你的存在是否讓公司變得更好？離職後還會留下的資產，這才是你真正的貢獻。

▼再補充一點

㊸燃燒的鬥魂，克服周遭的反對與自己的失敗

你不怕他人的反對或失敗，勇敢挑戰嗎？相信自己，失敗之後重新站起來的韌性，才是勝負的關鍵。

4

一流的領導力

受愛戴的人，
有何不同之處

Leadership

競爭越激烈，優秀人才的爭奪也會更加白熱化。

最後能勝出者，不只是個人在工作上主動積極，還要看周圍的人是否能給予支持。每個人聰明才智和技能相差無幾，但是人德和人脈卻是天差地遠。

我想來聊聊在公司裡，應該是說出社會後最值得尊敬的「典範人物」。有沒有人讓你覺得「為了他我可以兩肋插刀」，打從心底想要支持？那個人可能出現在公司，或是出現在學校，也可能是私人場合。

本章要討論的是會讓人心想「我想成為那個人！」「我想追隨那個人！」的一流領導人所擁有的相關要素。

重視夥伴	培育部屬	成為典範
1 親切待人 2 重視信賴	3 尊重部屬 4 讓部屬得利 5 讓部屬成長	6 以身作則

提到「人德」，首先會想到孔子的德政思想。光靠人德，就有顏淵這樣優秀的弟子追隨，應該是後無來者。如果不重視人和信賴關係，也就不會有人慕德而來。

接下來是鎌倉時代幕府和武士之間「御恩與奉公」的精神。願意兩肋插刀，是因為對方曾經關照自己，是喜歡幫助他人、會照顧別人的人。

人生闖蕩路上有人出手幫助，那份恩情永遠不會忘記。那可能是好心的提點，或是給予靈感，也可能是具體的引介或是提供磯會。越是痛苦、孤立無援的時候，人德之士就會伸出援手。

在感嘆「身邊都沒有人幫助我」的時候，應該先問問自己一個很單純的問題：「自己是不是有扶持身邊的人呢？」

想想那些扯你後腿、對你很冷淡、對你抱怨連連的人。

可能是主管阻礙你晉升，被同事奪走好工作，在快要打考績的時候在大家面前被糾正失誤，部屬沒有做好交辦的工作。

會發生這些事情的共通點都只有一個，那就是他們完全沒有從你身上得到任何好處（一部分神經很大條，不知感恩圖報的自私鬼除外）。

所謂的「好處」並不是只有金錢、功利而已，這邊說的是考量到對方的利益，為了對方而去做的事情。當然，沒有任何利害關係的人際關係，連結性又更強了。

一流的領導者大多是「Give and Give」，身邊的人雨露均霑。

二流的人是「Give and Take」，先給對方恩惠，然後期待對方報恩。

三流的人則是「Take and Take」，總是在接受別人的付出。

最差的人是「Take and Angry」，拿了一大堆，最後還生氣的說：「他都不幫我！」

一流領導者，人們願意追隨，能夠得到四面八方的支援。二流的人和人疏離，到哪裡都受阻。

一流的人最大的魅力，就是能成為很多人的典範，備受尊敬，成為人們崇拜的對象，覺得：「我也想成為那樣的人。」

本章會區分單純的菁英和一流的領導者，大家一起來探索，培養「人們願意追隨的領導力」的重要思考習慣。

44

親切待人

計程車司機能看清一切

——一流領導者不會因為地位而改變應對態度

「長瀨先生對計程車司機、空服員、餐廳服務生都好親切喔。果然，這就是所謂出類拔萃的人啊。」

這是我和某大企業的創始人長瀨先生（化名，五十二歲），在馬拉西亞東方文華酒店一邊吃著中華料理，一邊喝著謎樣的粉紅色飲料，所交談的內容一部分。

他是我朋友之中社會地會最高的人，但是對誰都很客氣、親切、尊重。

長瀨先生出生在非常富裕的豪門世家，從小成長過程中家裡就有很多女傭、司機。父親總是告誡他：「你知道嗎？司機可以看透家裡的一切，所以一定要成為司機尊敬的人。」

的確，司機大多都是大公司董事長等級的大官專屬聘雇，是能夠看清人間百態的職業。

我認識的司機也說：「在董事長面前對我很客氣，但是董事長不在就粗魯、傲慢的人很多。」

從某歐系投資銀行初出茅廬開始，長瀨先生平常就對公司的司機很客氣，司機們對他也都很尊敬、忠誠。

某一天，總公司的董事從倫敦到訪日本，派司機到成田機場接機，過不久後，長瀨先生就被拔擢為合夥人。那位董事跟他說了下面一段小插曲：

「你到底和那個司機是什麼關係？從機場到辦公室，司機一直用破英文，以熱情、強力的語調，跟我說你是多棒的人。」

長瀨先生大吃一驚，回答：「沒有，只是普通朋友而已。」之後他問司機是怎麼一回事。

司機笑著這麼說：

「我看過很多生意人，大部分對於地位比自己低的人都很傲慢，都把我們當下人使喚。但是你總是把我當成一個人在尊重。經常有人嫉妒你為什麼他薪水比較高，我覺得是理所當然，因為你對誰都抱持著敬意，是很特別的人。」

長瀨先生絕對不是別有所圖才對別人親切，聽到這番話，想到他父親在小時候跟他說「要成為司機尊敬的人」意義有多深遠了。

45

親切待人

低頭的稻穗才飽滿

——謙虛是一流、二流的分歧點

「可以再開快一點嗎？怎麼每次都要等紅綠燈？又跳表了！」

搭計程車的時候，像這樣因為自己遲到而遷怒司機的人很多。

平常溫柔敦厚的我們，遇到趕時間又遇到塞車的時候，會不會就像開頭這段話一樣，很沒禮貌的對計程車司機惡言相向？

聽了前面提到的長瀨先生的故事，我在感動之餘，也深切反省。我努力告誡自己，要比以前更親切的對待在服務業跟我接觸的人。

終於在某一天，我搭計程車要飛奔到銀座，司機跟我說他曾經在外商藥廠擔任董事長司機二十多年。

我跟司機提到長瀨先生說的話，他很懷念的跟我說：

「與其說是對司機親切，應該是說對誰都很尊重。過去二十多年，我服務過很多位董事長，董事長的任期大概只有三年，當中真正偉大、傑出的人，言談舉止都很謙虛。」

的確，我沒看過「傲慢卻偉大的人」。

會擺架子的，大多到「只有一點點」偉大的中階管理職就頂天了。

俗諺說，「低頭的稻穗才飽滿」，在生意場上，也是頭越低，越有料。

一流的富豪與暴發户的差異

我的英國友人史蒂芬妮（化名，三十歲）在倫敦一家跨國企業從事慈善工作。

學生時代她就頂著一頭像是剛睡醒的金髮，配上藍眼睛，容貌出眾，成績也很優異，總是穿著休閒自然的牛仔褲和同一件毛衣坐在地上看書，對誰都沒有隔閡，非常友善。

幾年後，在倫敦與她相遇，我嚇了一跳，事情有點複雜，沒想到他祖父將家族創業的銀行賣掉，所以她的信託戶頭多了數千億日元的鉅款。的確，她的姓氏就和那家銀行一樣，但是我做夢也沒想到她竟然是銀行創辦人家族的千金。

這件事誰也不知道，平常她總是謙虛有禮，完全不會聯想到千金大小姐，舉手投足都非常腳踏實地，看起來還比較像是窮苦人家出身。

我回想起那些像她一樣身價不斐，能力好、美貌也不輸專業模特兒的人，待人處事都謙虛為懷，非常值得學習。看到稍具經濟能力、成績或工作上還算表現不錯就對他人頤指氣使的「小器型菁英」，我都覺得很丟臉，並且引以為鑑。

綜觀而視，稍微有點能力、口袋有幾分重的人，遠遠比真正能力優異的富豪更傲慢，這是為什麼呢？

前面提到的長瀨先生、史蒂芬妮小姐就是很好的例子，對任何人都很謙虛，養成重視他人的態度，形成了暴發戶和心靈豐富的一流富豪的差距。

46

重視信賴

信賴才是領導力的基礎

——領導力的核心是信賴感與風險管理

「長瀨先生真的有好多各種類型的一流好友。不光是政商界，連媒體界、藝術界都有。除了各行各業之外，個性也千態百樣。長瀨先生是因為度量很大，所以才有這麼廣的人脈吧？」

「話不是這麼說，武貴。雖然我喜歡跟各式各樣的人交往，但是他們都有一個共通點喔，那就是值得信賴。不能信賴的人我絕對不會想要跟他在一塊。」

這也是前面提到的長瀨先生，跟我在車上的一段對話。

不光是長瀨先生，我在這麼多業界見過的成功大人物，都異口同聲表示：「信賴才是成功的祕訣。」

當然，工作上的信賴，代表在專業上明確知道什麼事情交給自己沒問題，什麼事情辦不到。

但是一流人才的共通點，是在專業上的信賴之前，就已經先獲得人格上的信賴和尊敬。

這種信賴感，會讓人思考「自己可以為對方做些什麼」，能讓名片上的名字，從「單純的認識」，進化為「萬一發生什麼事，願意兩肋插刀的人脈」。

也就是說，你能獲得多少人的信賴，決定了你領導力的格局。

《哈佛商業評論》曾經刊載桑妮．賈爾絲博士的研究報告，她詢問一百九十五位全球領導者「最重要的領導特質」，第一名的答案是「堅定的倫理觀、道德觀」。

接下來是「揭示明確的目標與目的」、「明確傳達期待值」、「改變意見的彈性」、「追求成長」、「透明且頻繁的溝通」、「培養對成功或失敗的連帶感」、「支援失敗伴隨而來的挑戰」等等。

當中最重要的「堅定的倫理觀、道德觀」，說到底，也就是「信賴感」。

相反的，各方面都非常優秀，卻無法成就大事業的人，很多人不是能力問題，而是缺乏信賴感。優秀卻被暗算的人，大致上也都是被信任問題給拖垮。

遵守法令與風險管理是「守成領導力」的關鍵

在談論信任的重要性之前，必須先徹底進行風險管理。

一流專業人士不只進攻強勁，防守也很厲害。

商業現場最重要的「守成」，是徹底遵守法令。

轟動世界的知名經營者、投資家，簡簡單單就被關進大牢的案例不勝枚舉，大多都是因為違反法令。然而，越是想讓事業壯大，為了保持「無論哪裡被攻擊都不痛不癢」的狀態，風險管理將左右企業的永續經營。

我很敬重的柴刈先生（化名，五十八歲）經常不厭其煩對我耳提面命：「絕對不要跟黑道來往。」

要獲得信賴感，首要條件當然是不能說謊、聆聽對方的說法、不強迫對方接受自己的見解、守時、不犯錯、遵守約定，還有不說「我沒注意到」的藉口，以及絕對不要跟黑道往來。

想想歷代失足的著名經營者或政治家就可以明白，為了不讓難得積累下來的職涯化為烏有，重要的「守成領導力」包含了遵守法令、妥善運用資金、管理法律風險。

總是將信任放在第一優先順位考量的人，對於失去信任的風險非常緊張，他們的座右銘是「信賴就是存款」，即使短期內會有損失，他們更重視的是長期性的信賴。

只要光明正大，就不怕別人刺探，如果不能保持這份真誠，讓自己散發「令人感謝的光芒」，那麼離真正的一流之路還很遠。

47

重視信賴

先公布壞消息

——「愚笨的正直」比「聰明的說謊」更能出人頭地

「武貴先生，對不起，業績必須往下修正。收益比預期大幅下滑，日元急速貶值，進口材料價格高漲，勞務費成本也增加了，佣金預期也會急速惡化。」

在外商公開股票投資公司工作的時候，經常會收到來自投資標業績向下修正的噩耗。

不限於證券公司的分析師，以預測未來為工作的人，也會連番遇到預測失準的狀況。

我們在預測未來時都是有所本，但實際上，未來並沒有規律的法則，即便有，也不是隨便就能掌握得到。

所以，要先有「預測未來都會失準」的認知。

聰明的人在失敗時的應對能力也很強。

相較於預測是否準確，他們更在意的是當預測失準的時候，如何迅速提綱挈領的報告，並且反敗為勝，恢復信任。

相對的，二流的人總是以拙劣的藉口來自圓其說，結果造成傷害更深。

失敗的時候仍可以獲得信任的關鍵在於，當事情進展不順利的時候，要給人透明、正直的印象，甚至是正直到令人擔心的地步。

比較困難的是，為了保全自己，發現錯誤的時候很難說出口，但是即便如此也要誠實的和盤托出。自己能做的防衛策略，就只有「保證透明」，讓對方聽你說。

人在感受到「被騙」、「還有所隱瞞」的時候，與認為「這個人雖然失敗了，但很誠實的告知」，對應方法截然不同。

如何給人「透明、正直」的印象

在漫長的工作生涯中，你有可能某一天把有機密情報的公司手機忘在計程車上，或是把公司筆電忘在機場隨身行李檢查處。

以我的經驗，不管哪一種都很丟臉，在漫長的工作生涯裡，一定也還會遇到比上述更誇張的慘事。

這個時候，你所能做的最佳對策，就是盡速向公司報告。

對於壞消息，我們會很想用黑色塑膠裝三層，緊緊包住。但是一流的商業人士對於壞消息，更會用透明塑膠袋來裝，毫不隱瞞的告訴公司和客戶，確保透明性。

雖然說知易行難，但是能確保透明性的人才會受到信賴

48

重視信賴

累積「信任存款」

——「長期的信任」更勝「短期的利益」

這個故事的主角是我的舅舅（七十六歲），在他事業有成之前，就經常照顧家族成員。

舅舅在家裡排行老三，是我母親的哥哥，因為金融和不動產買賣致富，三等親、四等親，不論是多遠房的親戚，只要有困難都是找他接濟，是我們家族的慈善家。

在商場上接觸過這麼多值得尊敬的領導者，也沒有人像他這麼重視信任。我尊敬舅舅的理由，是因為他對於信任高度重視的態度。

舅舅從事不動產業，相較於短期的利益，他更重視長期的信任。

他的物件位於車站前的黃金地段，很多人都想要承租。但因為已經有牙醫進駐，其他表示想要承租的牙醫，或是不動產業者會討厭的房客，他一律都予以回絕。

以前曾經有大型消費金融公司想要高價承租，在他的判斷下也拒絕了，理由是，「想去看牙醫的患者，在大樓入口處可能會被誤會為來借錢的人，這樣想看牙的人就裹足不前了。」

三舅說：「對既存客戶可能造成潛在影響的事情，即使對我有好處，也一定會忍耐。」「比起金錢，『信任的存款』更加重要。」

在鄉下長大的三舅，對人不會口出惡言，總是說別人的好話。

不只是生意往來的對象，私底下他對朋友、親戚都很親切，非常照顧身邊的人，所以有了「點滴之恩，泉湧回報」的風評。

不管是身處全球，或是鄉下，能夠獲得其他人幫襯成功的工作方法，最重要的基本原則就是「重視人與信任，尊重對方的利益」。

49 尊重部屬

讓「重視部屬」成為企業文化

——讓部屬實際感受被尊重

「我在這裡好嗎……」

前面篇章提到的長瀨先生，在三十多歲的時候，有機會代表日本參加一兆日元企業董事長的聚會。

在平均六、七十歲，優秀而知名的經營者中，三十多歲的長瀨先生很緊張，一個人孤零零的坐在一旁。當中最有分量的人物（日本零售業最大的公司的創辦人，個人身價高達數千億日元）跑過來跟他親切的打招呼：「長瀨先生，謝謝你今天出席。來，請到這邊來！」還引導他一起聊天。

這就是個人身價數千億日元的董事長一流的體貼。

為了不讓年輕的長瀨先生在一群年長經營者的聚會上感到畏縮，有頭有臉的大老闆對三十歲的年輕人如此親切。當然，他知道這麼做會馬上讓其他人對長瀨先生另眼相看。

長瀨先生也深刻感受到主動關心年輕人、慎重的對待有多重要。

不知道是不是因為這樣，長瀨先生對於部屬或地位低微的人都非常親切。

跟部屬一起吃飯時，絕對不會讓部屬斟酒，相反的，還會幫部屬倒啤酒、分菜、倒醬油。而且所謂的部屬還不只是專務、常務，對大學剛畢業的新進員工也是同等對待。

長瀨先生還有很多貼心的舉動，例如讓部屬坐上位，搭電梯的時候也會先請部屬進出。

這種「尊重部下的企業文化」，在強化公司組織力上能發揮強烈的作用。

「大老闆還對自己這麼關照」，會讓部屬心懷感激而提高忠誠度。如果同時有客戶在場，看到長瀨先生對部屬如此親切，一定也會深感佩服，個人好感度大大提高。

其他員工也會學習長瀨先生的做法，自然會親切的對待部屬或後輩，讓更多優秀員工願意待在公司。

當優秀的部屬被競爭關係挖角時，如果只看薪水選擇公司，這種不帶感情的關係，最後會陷入跟其他競爭對手的價格競賽。

如果讓其他公司鎖定的人才離職，不只傷害自家公司，還幫了競爭對手一把，損害是雙重的。

因此，除了薪水之外，一定還要有其他要素，也就是「被重視」的信賴感，以及「被尊重的實際感受」，願意提高貢獻度，也可以看得出上司的能耐。

對於重點員工，如果公司的態度是「我是雇用你的主人」，終將失去你的「金雞母」。經營團隊和員工之間，主導權並不一定全部都在公司這一邊，請務必銘記在心。

比自己聰明的部屬，要讓他們覺得做得有價值

面對重點員工，正確的方式不是把他們當成「聘雇的從業人員」，而是「得力助手」。

此外還有很多需要留意的地方，例如，不論年齡或職位，要建立尊重每個人專業的文化，重視工作的社會意義，讓他們對自己的工作感到自豪等等。

但是二流的上司對部屬極為粗暴，言行舉止盡皆權威主義，沒有人望。如果對自己的部屬採取高壓的手段，部屬都沒有丟辭呈，那你反而要擔心。因為主管如此過分，卻還死巴著不放，那應該就是沒有別的地方可去的人。

我以前任職的公司有一位非常聰明的主管，面試的時候有個口頭禪：「我只錄取比我聰明的人。」他說要把能幫助自己成功的人放在身邊。

的確，這個人都錄取比自己能幹的人，因為這種錄用方針，他在當經理的時候，整個團隊都是很優秀的人。

他對於「明星球員」絕對不用高壓的方式，總是平等，如同朋友一般的相處。

我也非常重視部屬，讓他們感受到工作的價值，他們也才會心甘情願為我工作。

準備好讓優秀人才有幹勁的工作、職場環境、企業文化，能找到多少比你優秀的人，就和領導者的資質有關了。

50

尊重部屬

部屬的婚喪喜慶也很重要

——尊重部屬的私人生活

「我不會進公司。那項工作應該可以找其他人做吧？」

這是發生在某投資銀行，一位年輕銀行家婚禮當天的事情。

櫛田先生（化名，三十歲）平常總是笑臉迎人，個性敦厚，是很少與人爭執，非常合群的類型。對上司絕對服從是他的座右銘，即使要求很無理也願意配合。

但是這一回，櫛田先生第一次違抗上司假日加班命令，理由只有一個，上司應該也知道——那天是他的婚禮。

雖然不可置信，但這種連部屬人生大事都還要交辦工作的上司還是存在。

活躍於日本某大知名智囊公司的女性友人，至親臨終時，遞出假單要回九州老家，結果新來的部長卻用包含高階主管在內的群組信回覆：「我以前至親死了都還在工作，這是理所當然的。」

之後這位新任的部長馬上被降職。原因當然是家人逝世這麼重大的事情還不准假，還把高階主管都拉下水背書，足見毫無判斷力。

婚喪喜慶的應對，對人際關係有決定性的影響

我父親過世的時候，我在某大型資產投資公司擔任分析師，那時候的事情仍歷歷在目。

四散海外的兄弟姊妹中，只有我見到父親最後一面。我一邊呼喚著父親，一邊看著他做心臟按摩，那一幕至今仍非常鮮明。

父親就這樣撒手人寰，想到後續該處理的事情，我先打電話回公司，才剛

說出口：「我爸過世了，明天的簡報……」主管馬上就說：「那件事你就別管了，好好照顧家人，多陪陪媽媽。」聽到這番話的時候，真的很感謝公司。

公司和主管都沒有把自己當成工作的棋子，而是把我當成一個人在尊重，那種信任感，大大提升我對公司的忠誠度，對公司而言也是很好的投資。

時間已經過了這麼久，當時送花給我的人，慰問我的主管，他們的名字我都還記在心裡。

51 提升部屬的市場價值

讓部屬得利

——幫助部屬實現自我

「因為和武貴一起工作，我開始思考，部屬學到了多少、是不是覺得有價值、是不是覺得一起工作很棒。」

這是我還在新手階段，一位我很尊敬的主管對我說的一段話。

如果一起工作的上司，無法讓人感受到自己的成長，部屬的內心一定會看不起上司，也沒有動力為公司全力打拚。我最早工作的公司，就有上司會若無其事的把下屬當奴隸看待。

半夜兩點泰然自若的來到辦公桌旁，把厚厚一疊資料砰的堆在你眼前，「早上六點前要做好，拜託了。」然後就瀟灑的回家。

這位主管交辦的工作有把字跡難以辨認又髒兮兮的手稿做成PoewrPoint、把毫無意義的數字整理成試算表、把沒什麼內容的信件傳真給歐洲某公司等雜七雜八的大雜燴。

只有雜務的工作環境，缺乏學習效果，又耗費精神體力，只會造成部屬對主管懷恨在心，毫無敬慕之意。

「主管會提高我的市場價值」，能相信嗎？

持續做著感受不到成長的工作，漸漸感到絕望，「跟這種人一起做事根本學不到東西……」「除了PoewrPoint和Excel之外，自己的市場價值根本沒有增加……」為上司工作的動力就銳減為百分之負兩千了。

這種職場的離職率很高，好不容易找到有潛力的人才也留不住人心，很快就會流失人才。

我在《世界菁英直擊！》專欄中介紹過一位印度董事的話，**「主管應該要思考如何讓部屬成長，要讓他們認為『在這個人麾下工作，幾年後就會成為市場上的搶手人才』。」**這裡我要再一次強調他的名言。

任職於新加坡知名主權財富基金的朋友說，經理級以上主管的考績有一項重要的指標就是——「有提升部屬的市場價值，幫助他們實現自我嗎？」好的組織、好的領導者更應該幫助部屬提升技能、實現自我。

在你的麾下工作，能不能讓部屬提升市場價值，是一流領導者與二流上司之間的分水嶺。

52

讓部屬得利

即使花錢，也要讓部屬做有趣的工作

──為了讓部屬成長，犧牲公司短期利益也值得

「你要帶櫻子小姐到歐洲出差？」

在我漫長的職涯中，受到很多胸襟寬大、大器有容的上司關照。他們的共通點就是，即使會犧牲公司短期的利益，更重視部屬長期的成長及士氣。

他們的口頭禪是：

「如果一直讓部屬做很無聊的工作，不論是誰都會失去鬥志，無以為繼。」

「我也在投資銀行當過分析師，那種事情要連續做兩年真的沒辦法，實在太無聊了。」

讓部屬做有趣的工作，重視部屬成長的文化，在強化企業競爭力上真的非常有力。

平常讓他們做有趣的工作並予以尊重，即使競爭對手來挖角，優秀的員工也會因為你而留下來。

「有趣的工作」、「讓員工成長的工作」會花費公司的金錢和時間

有極小部分真正重視員工的好公司，即使犧牲效率，也會為了讓員工成長而花費金錢和時間。

例如世界最大的投資基金B公司，就以非效率訴求而廣為人知。刻意把投資案交給法務，讓投資專家製作契約書等等，硬是讓員工去體驗沒做過的工

作，藉此學習工作的全面性。

舉一個我身邊朋友的實例，他讓平常負責安排行程、繕打資料、預約餐廳及航班等沒什麼刺激性工作的祕書，參加歐洲的大型會議，怎麼看都沒有必要，但是卻以要累積經驗為由而帶她去（雖然也有人說因為她是情婦）。

一般的公司不需要做到這種地步，但是，為了員工的成長與士氣，公司必須犧牲一定程度的利益，這是我從一流上司身上學到的偉大特質。

「讓我做有趣的工作」的感謝之情，能提高對上司和公司的忠誠度，並提高工作動力。

當員工感受到「公司不是只重視利益與效率，也重視部屬是不是樂於工作」，公司內部的向心力會有很大的改變。

53

讓・部・屬・成・長・

讓被忽略的重要工作見光

——讚美能夠提高工作動力

「那份報告真是傑作，你做得非常好。」

平常沉默寡言的主管湯瑪士（化名，四十五歲），在跟我談論另一件案子的時候，突然不經意的讚美我使出渾身解數所做的報告。

湯瑪士個性內向害羞，平常不是很容易和大家打成一片，但是我非常佩服他對每一位部屬的工作都很認真、很仔細的在關照。

部屬需要的報酬，絕對不只是金錢而已，「自己的貢獻被承認」的認同需求，以及「感受到自己的成長」的成長欲求非常強烈。

尤其在日本，員工在衡量對公司的滿意度時，比起金錢，「是否有受到公司的認同」、「是否能有所學習」、「是否能自我實現」占了更大的比重。

因此，一定要將強烈的認同需求與成長需求，與部屬的動機互相連結。

說起來有點多餘，只提供金錢報酬，當初「為了自我實現」、「為了顧客的笑容而努力」的動機也會丕變為金錢報酬的動機，這種調查結果並不少。

向討厭的人丟石頭，就給予十美元作為報酬——你知道這個有點殘忍的實驗嗎？

一開始，攻擊討厭的人還有錢拿，受試者都很開心的丟石頭。

慢慢的，金錢報酬逐漸提高，二十美元、五十美元、一百美元，然後突然不付錢，讓人驚訝的是，受試者也不再對討厭的人丟石頭了。

當把報酬制度設定為金錢的多寡，最初的動機反而消失殆盡，這是非常有意思的實驗。

讚美對方的講究之處

對於部屬來說，沒有比自己有好表現卻被忽略更感到空虛的事了。做得好，主管也不會有所表示，勞而無功的狀態，只會徒增空虛感，讓人失去工作的動力。

顯而易見的優異成果，即使不是直屬上司，其他人也都看得見。好的上司不同之處，就是將其他人沒有察覺、但是很有意義的工作拉上檯面，對公司內外宣揚部屬的貢獻。

在讚美對方工作表現的時候，如果能夠特別針對他講究的地方給予肯定，更能提高工作的動力。

這不只適用於工作上。

例如去酒吧喝酒時，看見酒杯乾淨透亮、毫無水痕；在壽司店用餐時，看到料理上劃有漂亮的刀痕；去小小的法國餐館，吃到非常美味的家常義大利麵——像這些不起眼、很容易被忽略的每一個小小的努力，如果能夠把握機會，真誠的給予讚美，一定可以激發對方的動力，成就一流的工作。

反躬自省，我們是不是有把開在陰影下的蒲公英移到陽光下呢？

不顯眼、但是對組織極為重要的單調工作，給予適切的評價，也是上司重要的職責。

54

讓部屬成長

鞭策部屬

——以「不能蒙混過關」的緊張感來培育部屬

「你有沒有建立『不能蒙混過關』的標準？」

這是我在新加坡工作的時候，被問到的考核基準之一。

對好的工作給予好的評價，但是對於偷懶的工作卻睜一隻眼閉一隻眼，「這樣的工作品質應該還接受吧？」規矩很寬鬆。

錯誤百出的會議紀錄、粗製濫造會議資料，文件內容有錯、英文信措詞不自然，或是數字有誤等等，工作品質低劣，隨隨便便，漏洞百出，主管卻視而不見。有這種不好好把關的「篩子主管」，部屬平常工作的完成度就會降到標準以下，對工作沒有危機感和緊張感。

總是雞蛋裡挑骨頭，盡找些不會有人在意的地方來指責也是問題，但是不會漏掉部屬（有時候是上司）任何小錯誤的注意力和緊張感，是一流上司的基本要求。

領導者的角色，很大一部分是要管控經驗尚淺的部屬的工作品質，提升他們到能夠代表公司對外呈現。

要讓部屬認為「主管全都看得一清二楚」

如果不能獲得「他確認過了一定沒問題」的評價，無法脫離還需要另一個人來確認工作的身分，那就無法擔任把關部屬工作品質的角色。

要讓部屬認為，工作做得好或做得差、全力以赴或偷懶，全都逃不過主管的法眼，是員工是否會主動追求成長，養成專業的決定性關鍵。

想讓部屬成長，先決條件是不管工作很盡力或很偷懶都要關注，並且提供必要的意見反饋或訓練。

55

讓部屬成長

能帶著部屬一起離職是一大成就

——讓自己成長的上司，將終身難忘

「真正優秀的領導者和半瓶水的中階主管，差異就在於當主管辭職的時候，有誰、有多少人會想要跟著一起走。真正能爬到上位的人，靠得是底下有強力的支援。」

在新加坡高級大樓的一角嘟噥著的，是活躍於外商製藥公司的朋友辛蒂（化名，二十九歲）。

她於新加坡知名的國立大學畢業後，就到投資銀行工作，並同時取得華頓商學院MBA，是個才女。在評論跨國企業的上司時，她說了這番話。

最近一位一直非常照顧她的王牌級經理跳槽到別家公司，她也很想要跟著換工作。

她口中所謂很照顧她的主管，是會把很重要的專案交給她，給予成長必要挑戰的工作，經常會留意是否有營造出可以讓她成長的環境。

像這種明星選手想要離職的時候，外商企業往往會加薪留人，有時候甚至出三倍價。

公司為什麼會如此積極要留住這樣的人才？

這是因為，王牌除了會把手上公司重要客戶帶走，部屬也可能會追隨他離開。

能夠帶著「部屬」和「客户」轉職，薪水會差很多

很多服務業尤其是如此，人才就是一切的商業模式下，有多少人跟著集體

跳槽，自身的價值也會有很大的改變。

每一種工作都有很多優秀的人才，以技能層面來說，替代性高，薪水不可能毫無限度，但如果這個人是會把客戶帶著走，甚至優秀的部屬也整團帶走，那身價就大不相同了。

經常有人自認為能力比較強，暗示「我可能會離職」來跟公司談條件。不過，只有一個人離開，公司大多不痛不癢。

但如果你是連客戶和明星選手都整個打包帶走，那就另當別論了。公司會急速削弱實力，競爭對手則會大幅強化，造成業界結構改變，這種時候公司才會開始認真考慮要慰留你。

問自己：「離職的時候，身邊有誰會跟著一起走？」是在公司內是否有領導力重要指標。

不要只是獨善其身，平常就要提攜部屬，讓他們能感受到關懷，「只要有他就在就是好地方」的強力支援，才能成為一流的商業領導人。

56

以身作則

大老闆才更應該掃廁所

——上司必須以身教來教育部屬

「武貴，洗手台水噴得到處都是，一定要擦乾淨，絕對不可以邋邋遢遢！」

我印象非常深刻，在以前工作的地方，洗手後就任由洗手台殘留飛濺的水滴，但身為組織最高階的社長竟然仔細地用擦手紙擦拭。然後說：「現在很多人都不會為後面的使用者著想，武貴你可不行這樣。」

聽到這段話，我深切反省：「連高高在上的社長都動手清理洗手台。遠遠不及的我還有什麼資格對工作挑三揀四！」

好的主管是超越「不在其位，不謀其事」的官僚主義，只要組織有需要就會挺身而出。組織領導者如果平常以身作則，對組織內的成員也有激勵作用。

常聽到「社長掃廁所，公司賺大錢」這樣的說法。

前陣子曾聽到一個小故事，某進軍中國的日系企業，業績一直沒有起色，社長想方設法，中國當地的團隊依然不動如山。社長就想起了那句俗諺，開始掃廁所。

一開始都覺得奇怪，但是慢慢的，大家都會來幫忙，短期內公司各個角落都井然有序，業績也迅速上升。

部下會看著上司的背影

我並不是真的要你去掃公司的廁所。

但是，原本應該由部屬來做「普通、一般人不想做的工作」，如果自己身先士卒去完成，部屬會對你更加尊敬，也會因此變得自動自發。

這位會長平常講話很大器，經常會說：「工作不可以只想著賺錢，透過工作成為更好的人，這個目的才重要。」

主管人品端正，組織裡的人也受到感化而成長，公司自然會成長。

不只是出一張嘴，自己對周圍的人而言，要成為「我想成為這麼棒的人」的典範，才能夠贏得大家的尊敬與支持。

57

以身作則

高層散漫，會讓組織士氣快速下降

——身先士卒，身邊的人自然會跟上

「我們公司並不是階級那麼分明的組織，所以希望主管們也能自己動手多做一點事。」

「艾力克斯每次都把吃力不討好的工作（用Excel製作圖表之類麻煩的作業）全部都推給別人做，自己只挑輕鬆的。」

這種不入流的中階管理，在年終進行三百六十度績效評估時，部屬就會出現這種典型的回饋。

把無聊的工作都丟給部屬，如果自己還會做重要的部分也就算了，有不少人甚至只會壓榨部屬，自己優哉游哉。

尤其是階層分明的組織，很多人從基層到課長，都是自己做那些超級無聊的資料，忙碌不已。一旦往上升到部長等級，麻煩事就全部都丟給部屬，自己只看不動手。

他們每天到辦公室就是看看報紙，和一些交情好的同事開著不知道是在工作還是玩樂的謎樣會議，週而復始。

這種「不動如山歐吉桑」的二流上班族，都是任意使喚部屬，把麻煩的工作都丟給部屬，然後自己早早回家。

主管動口不動手，部屬士氣當然差

上司怠惰，光出一張嘴，完全不動手，部屬的士氣當然會低落。

在戰國時代，有任何戰爭，主公或將軍如果自己躲在安全的地方，命令部下：「進攻，殺！我殿後。」那麼誰也不會真正奮勇殺敵。相同的，指導者如果自己不身先士卒，全力奮戰，部屬也不會使出全力。

到目前為止，我處理過很多公司的重整案，組織的變化，跟社長自己表現出什麼模樣讓員工看有很大的關係。

經營高層焚膏繼晷，最早到公司、最晚離開，會議、出差行程滿檔，示範的是一種絲毫不浪費時間的態度。這麼一來，部屬也會模仿，自動的產生急迫感，努力自我鑽研。

58

再補充一點

兩百人中，考績第兩百名的無能主管

——不受部屬信任的主管將步上窮途末路

「我們公司的工作，不是在打橄欖球！」

記憶中的二流主管幾乎都不做事，自己不動手，該做的事情也全部都丟給部屬。

宛如橄欖球明星五郎丸讓人嘆為觀止的橄欖球賽一樣，在接到球的剎那就立刻把球傳給別人，丟工作的速度快得驚人。

他們基本上想的都是「工作槓桿」（把別評人當槓桿，自己樂得輕鬆），長年處於溫水煮青蛙的環境，潛意識認為：「自己才不需要動手！」

這種「橄欖球主管」，工作中也是只挑有意思的部分來做，無趣、學不到東西、麻煩又單調的工作，全部丟給部屬。如果成功就功勞獨占，失敗就公然批評部屬。

但是這種工作方式大家都看在眼裡，沒有人會願意伸出援手，最後自取滅亡。

在真實的案例中，某大跨國企業要在兩百名經理中徵選合夥人，進行考核，結果就是這名主管的成績敬陪末座。

在新導入的三百六十度績效評估制度中，這個人總是對上司極盡奉承，因此主管給他的考績都很好，但是底下的人都給予負評，並且多所批判，是公司內成績最差的。

當然，不久後這名經理就就被迫離開公司。

沒有得到部屬的支援，就無法繼續往上爬

下面是任職某日商證券公司的後輩的體驗談，他說，一流的上司，除了客戶之外，對於公司內，包含部屬等各式各樣的人，都會考量到要提升大家的職歷，所以能夠得到大家的支援。

相對的，沒有大鳴大放就畫下句點的人，都是自己都不動手，只會把工作都丟給部屬。部屬積怨已深，就會扯後腿。

實際上，他就對無良上司交辦的工作動了手腳，故意出錯，像是裝了定時炸彈一般暗地裡進行報復。

對於二流上司，部屬一有機會就會想要暗算，虎視眈眈尋找反擊的機會。能夠得到各方的幫助，和處處都被扯後腿的人互相戰鬥，誰會贏就顯而易見了。

「一流的領導者」重點整理

▼親切待人

㊹搭計程車也不要頤指氣使

你對任何人都親切以待嗎？會看職位改變態度的人，無法成大器。

㊺低頭的稻穗才飽滿

你謙虛嗎？不成氣候的人才會虛張聲勢。謙虛是一流與二流的分歧點。

▼重視信賴

㊻對於失去信任的風險要有所警覺

你有把信任放在第一順位考量嗎？有多少人信任你，決定了領導氣度。

㊼「愚笨的正直」，比「聰明的說謊」好

你會自動揭露壞消息嗎？失敗的時候誠實、透明的應對，才能挽回信任，反敗為勝。

㊽尊重工作夥伴的長期利益，累積「信任存款」

「長期的信賴」比「短期的利益」更重要。重視信任與人，尊重對方的利益，才能建立長期的信任關係。

▼**尊重部屬**

㊾對部屬表達敬意

你是否有營造「重視部屬的企業文化」？尊重部屬的企業文化對於強化公司組織有很大的力量。

㊿婚喪喜慶的應對，讓人際關係大不同

你尊重部屬的私事嗎？他們不是工作的棋子，要表現出對人的尊重。

▼**讓部屬得利**

51提升部屬的市場價值

部屬跟你一起工作有什麼好處？幫助部屬自我實現，提高市場價值。

❺❷花錢也要讓部屬做有趣的工作

你有讓部屬做有趣的工作嗎？有時候即使犧牲利益和效率，都要讓部屬做有趣的工作。

▼**讓部屬成長**

❺❸常被忽略的工作也要給予適當的評價

你有讚美部屬，提高他們的動力嗎？在他人眼中很難發現卻十分重要的「陰影工作」，把它帶到陽光下吧！

❺❹不要成為「篩子上司」

你有盯緊部屬嗎？用「不能蒙混過關」的緊張感培育部屬。

❺❺讓人成長的主管，部屬忠誠度高

辭職的時候，誰會跟你一起走？你是不是能連部屬和客戶都一起帶走，這是勝負的關鍵。

▼以身作則

❺❻主管怎麼做，部屬怎麼學

組織高層是不是光說不練？能不能以身作則？領導者的承諾是部屬動力的泉源。

❺❼不打前鋒、不上戰場的大將軍，沒有人會跟隨

麻煩事全部都丟給部屬嗎？在上位者怠惰散漫，組織也會分崩離析。

▼再補充一點

❺❽兩百人中，考績吊車尾的「橄欖球上司」給我們的啟示

你會一股腦兒的把麻煩的工作都丟給部屬嗎？沒有部屬的協助，你也無法從中階管理職再往上爬。

5

一流的自我實現

了解自己，
讓自己自由

Self-realization

各位，現在請張開雙臂，深呼吸，放鬆一下，謝謝你一路閱讀至此。快樂的時間總有結束的時候，我們即將進入尾聲。

最後一章我花了最多時間撰寫，因為「適性的自我實現」，尤其需要著力於對自我的探索。

並不是一定要在印度才能思考人生意義，但最後一章我是在參加朋友的婚禮，造訪印度德里時執筆。

我之前留學的學校有很多印度學生，因此印度朋友也很多。他們結婚時都會舉行一個星期的盛大派對，邀請世界各地的朋友參加，所以最近我的休假幾乎都用在參加印度婚禮上了。

留學時代來自各國的同學齊聚於印度的婚禮上，成了另一種型式的同學會。和久違多時的朋友談天說地，看他們在各個領域發光發熱，可以激盪出很多火花。

在朋友當中，有人畢業後就進入顧問公司，表現活躍，成為公司最年輕的合夥人；也有人一離開學校就任職於投資銀行，當身邊的同事都獨立創業時，他仍從一而終在同一家公司，現在已躋身董事。

也有人不在顧問相關業界，例如從新加坡國立大學到INSEAD留學期間，成為攝影家的新加坡人；告別顧問集團，在新加坡開始紅酒新創事業的法國人；來自史丹佛大學，將個人興趣的瑜珈發展成非營利事業的美國人等等，大家都擇其所愛、自由發展。

也不少人選擇在商業以外的世界完成自我實現，有人辭去投資銀行的工作，成為社會工作者；甚至哈佛的MBA跑去開咖啡店；離開外商金融機構開麵包店的也大有人在。

還有人在劍橋研究考古，過去二十年來傾注所有心力，致力於解開「為什麼同樣型式的石器，在亞洲及歐洲會在不同年代的地層出土」的謎團。

選擇自我實現的道路
——「想做的事」×「能做的事」×「社會期待的事」

自我實現的必要要素是什麼？

前陣子，我到赤坂知名的鴨肉餐廳享用可口的鴨肉料理，我看到老闆的女兒做得很開心。

我詢問她快樂工作的祕訣，她說：「能端出自己喜愛、只有自己才做得出來的好菜色，看到客人欣喜的表情，我覺得很開心。」

仔細想想，這應該就是工作上自我實現最基本的要素吧。

能夠完成自我實現的天職，我認為是由下列幾個要素所組成：

做你喜歡的事情	周遭的參與	自由的生活
1 想做的事情都去做	4 揭示願景	6 擁有割捨的勇氣

2 活用強項
3 活用使命感

5 組織團隊

7 自由挑戰

要完成自我實現，前提當然是了解哪部分的「自我」該去實現，對於這點有深刻的體驗。

了解自己的強項，也知道自己對什麼事情有興趣，所以可以長時間全力以赴，在競爭中勝出。

我尤其佩服那些捨棄年收入千萬日元的高薪和社會地位，對於「一般世俗眼中的菁英份子形像」毫不留戀。

他們面對工作有使命感，這種願景和魅力吸引人們靠近，自由的追求自己的目標。

本章是最終章，我將介紹我認識的一流專業人士中，達成自我實現的例子，學習他們的精髓。

想做的事情都去做

59

想做的事情不用局限

——未來想做的事，全部放手去嘗試

「武貴，你看香港的大企業家們，大家手上都有十個、二十個生意在運作而賺大錢。你以後如果沒有四、五個自己喜歡的生意在手上，反而不太好呢。」

我特別尊敬的某大銀行集團的董事長玉津先生（化名，五十八歲）。可能讀者中有人對銀行行員有既定印象，認為他們都是一本正經，不願意冒險。但是，我有幸一起共事的銀行從業人員都是豪爽磊落，喜歡的事情就放手去做。玉津先生就是其中之一。

玉津先生給我諸多教導，每一句話都切中我心，其中讓我回味再三，帶給我勇氣並奉為人生圭臬的就是——「喜歡的事情全部都去做」。

在公司上班，很容易被公司要求的工作內容所局限。

但是玉津先生身為上司，卻經常跟我說：「你喜歡做什麼？喜歡的事情全部都去做！」「五年後，你想成為什麼樣的人？去做能讓自己更接近目標的事情。」

玉津先生總是問同事或部屬：「你想做什麼？」然後給予協助。還有，「想做的事情不用局限在一件事」，他全部都會支持。

一般公司的主管，只會為了自己或為了公司的利益而下指令。

但是玉津先生不要求我們為他或為公司做什麼，而是「利用公司這個平台，放手去做自己想做的事」。

說起來，對於很多人來說，把想做的事情限縮成一件是很不自然的，但是為什麼我們都被教育成只能鎖定一個目標呢？仔細思考，人生應該是盡情去挑戰所有喜歡的事情。

「自己到底想做什麼？」問自己這個極為單純又基本的問題，是邁向一流工作的出發點。

如果沒有捫心自問，只是順著世俗的眼光進入一流企業，並不會自然而然就成為一流的專業人士。

不知道自己想做什麼，就無法自主的努力，結果也無法成就一流的工作，也談不上自我實現。

60 注意「菁英陷阱」

想做的事情都去做

我讀MBA時的朋友，有人畢業兩年都沒有工作，慢慢思考自己想要做什麼。

她是位身材曼妙的美女，如果去參加選美比賽絕對會奪得后冠。手臂比火柴棒還要纖細的香江美人，出身於律師世家，弟弟也是律師，她本身是是畢業於牛津大學的才女。

「家裡有錢所以才有這般閒工夫吧！」我彷彿聽到讀者們的質疑聲浪。請冷靜的聽我娓娓道來。

這世界上有不少菁英份子不為錢所苦，甚至擁有投胎轉世一百次也用不完財富，但是當他們被問到「你想做什麼」的時候，還是會回答「想到大公司工作」，非常在意世俗眼光，汲汲營營於自己並不太喜歡的工作上。

你可以試試在週末夜，問問那些一臉疲憊、深夜兩點還在六本木俱樂部的白領年輕人「您是從事什麼工作？」

他的眼睛瞬間亮了起來，一副「這問題我等好久了！」的表情，然後煞有其事的回答「Investment bank」（投資銀行），陶醉在短暫的優越感裡。

說起來非常可惜，雖然啣著金湯匙出生，還是為了世俗的眼光，把自己的自由與人生賣給資本市場，也就是掉進所謂「菁英陷阱」的二流菁英，還真是不少。

當然也是有人一貧如洗，雖然憑著自己的意志選擇工作，卻還是得看別人的臉色，過得很辛苦。但如果只是因為在意他人的眼光，做著不想做的工作，最後還是會失去自我。

不斷煩惱「想做什麼」是理所當然的

找到自己真正想做的事，對很多人來說都是大工程。

迷途的羔羊們，可以放輕鬆點，事實上，很多所謂的全球精英、商業上的領導者，很多也都不知道人生該做什麼。

能夠又快又有力的回答「將來想做什麼」的人少之又少，可以斷言對於現在所做的事沒有煩惱的人也很稀有。

本來人生就是一連串煩惱所組成，為了得到這個「做什麼才好」的啟示，很多人會轉而尋求宗教信仰。

但是，如果以忙碌或沒有答案為藉口，跳過這個「煩惱的過程」來選擇工作，最後當然無法有滿意的結果。

這件事基本上沒有正確解答，不斷的自我分析，逐步接近自己認同、自己想做的事情非常重要。

釋迦牟尼佛經過六年的苦行，最後才在菩提樹下悟道。平凡我輩，至少買株大型觀葉植物，養成每天坐在下面潛心省思的習慣。

萬物流轉，在我們反觀自己的同時，世界已悄然改變，我們的意識也必須跟上改變，所以每天都要一再確認自己的心思。

是天職、是過渡職（尋找天職過渡期所做的工作）、是無業，每個人狀況不同，對於這僅有一次的人生，別忘了勇於嘗試，尋找自己想做的事。

61

想做的事情都去做

天職永遠不會退休

——「熱愛的工作」將提高人生的機會成本

「不退休的人不會死。」

在柏林洲際酒店舉行的一場會議中，世界知名大型投資基金的創始人，同時也是金融界的傳奇人物，對在場的年輕人的一句提醒就是——「不退休的人不會死。」

在他充滿真知灼見的演講中說道：「我知道在生物學上會有不同的看法，但是我想要以『做你喜歡的工作，不要退休，人就不會死』作為今天演講的結語。」

仔細想想，死後就毫無意識，所以在死亡那一瞬間之前，做自己熱愛的工作，度過充實的人生，那實質上就可以說是永生。

所謂「熱愛的工作」，不外乎做一整天也很開心，會讓人廢寢忘食、異常熱中的狀態。即使週末例假日都在工作，也不會覺得辛苦。

以我為例，撰寫自己喜歡的書和專欄，就是處於「異常熱中」的狀態。

早上一睜開眼，馬上就到書桌前寫稿。在做其他的事情的時候，一旦靈感湧現，也會立刻打開電腦寫下來。工作以外的時間，我幾乎都用來寫作，在撰寫這個篇章時，正飛越印尼上空。

不論是通勤時間或是早上散步，我都是一邊走路，一邊閱讀自己的稿件，右手拿著紅筆推敲修改。

我現在最擔心的致死原因，第一名是在路上光顧著看美女而被車撞，第二名就是一邊看稿而被車撞。

做自己熱愛的事情，因為喜愛，所以會比別人更講究，最後的完成度也會更高。

順道一提，居於天職之後的就是「異常熱中的興趣」。

人的平均壽命大幅延長，退休後有很多時間的人也逐漸增加，但即使沒有工作，有沒有自己熱中的興趣，對你的人生和個人魅力都會有很大的影響。

有錢卻無趣的人很多，但是有狂熱的興趣卻無趣的人幾乎是沒有。

做自己喜歡的事情，提高人生的「機會成本」

說起來是廢話，不管是興趣或是工作，有喜歡且擅長的事情，絕對可以提高自己的人生品質。

一個人做自己喜歡的事情就已經非常充實，就不會想要跟朋友夜夜笙歌，或者去參加半調子的聯誼來浪費時間。

換句話說，天職就在你熱中的興趣裡，你會重視自己的時間，在有限的人生裡提高「機會成本」。獨處時幸福程度越高，你的「人生機會成本」就越高。

如同要提升企業價值，就必須投資能賺取高於資金成本的生意。**從提高人生的機會成本的時間使用方式開始，提升你的人生價值。**

62

活用強項

在可以贏的地方打仗
——不要把人生賭在喜歡卻不適合的事情上

「你的強項是什麼，就要找到可以用得上的工作。人的弱點是好不了的，即使克服了，也贏不過那個領域的強者！」

在我還是新手的時候，我很尊敬的前輩請我喝很美味的魚翅湯，一邊對我諄諄教誨。

的確，每個人都會有優缺點，在學校也會有拿手和不拿手的科目。但不知道為什麼，很多人都會拿「人生最不擅長的科目」來一決勝負。

就像前面提及的，如果熱愛的事情剛好是你的工作，那幸福絕對無可比擬。

但是要避免「很熱中卻不適合，無法滿足顧客，也無法於在競爭中勝出」的事情，只因為嚮往那份「帥勁」，就一股腦的投身其中。

例如沒有搞笑的天分，卻因為喜歡而想當諧星，那絕對是把自己的人生逼入絕境，千萬別這麼做。

我在寫這個篇章的時候，特別到位於京都祇園花月的吉本興業看相聲表演，如果能夠達到桂文珍大師的等級，那簡直就是國寶。

大師與生俱來的搞笑天分，再加上幾十年來的人生淬煉，說出來的話字字珠璣，瞬間就能掌握全場氣氛，我深深懾服。

相對的，沒有搞笑天分卻想從事諧星工作，那對身邊的人也是一種不幸。但是很遺憾的，每個國家都有這種人存在。

我的印度好友賈提姆（化名，三十二歲），是體重超過一百公斤的龐然大物，帶著一副古怪的紅色眼鏡。

他曾經在印度電視公司擔任主播，之後取得MBA學位，轉而擔任媒體業的顧問而到印尼分公司就職。

但是再怎麼從寬認定，也不禁懷疑他的搞笑天分。

我留學的INSEAD會舉辦「INSEAD Cabaret」的表演活動，學生往往都會超越素人水準，帶來高完成度的演出。

那時候我參加了賈提姆發想，以網球比賽為主題的謎樣短劇，跟寶萊塢一樣，一開始會突然跳起舞來（還是《江南Style》），完全意義不明，從企畫階段到排練，甚至正式演出，沒有人擠得出一絲笑容。

笑得東倒西歪的只有賈提姆一個人，只有寥寥的同情掌聲和笑聲，對於演出人員和觀眾都是一種折磨。

之後還發生了讓我大為吃驚的事，那是在大家好不容易忘掉那次心靈創傷的三年後。

許久沒有連絡的賈提姆捎來了消息，寫道：「那真是美好回憶！一定要精神年齡足夠的人才能了解箇中奧妙。凡人無法懂，讓我們走在時代的前端大笑吧！」並附上影片的網址連結，我只能懇切的請他立刻把影片下架。

沒有搞笑天分的人從事搞笑工作，他身邊的人一輩子都會不幸，更慘的則是本人竟然沒有自覺。

這是適用於各行各業的常識，**你不能光靠「喜歡」來選擇工作。**

如果缺乏才華、無法比別人更努力、工作時沒有比對手更講究，少了這些「強項」，就要嚴格的區分興趣或工作的界線。

換個方式說，重要的就是要了解自己的強項，並且知道什麼工作最能活用這份強項，創造出只有自己才能做的工作。如此才能找到「讓強項極致發揮」的天職。

簡單一句話歸納，審視一下自己的工作，如果有比自己做得還要好的人，那份工作應該就不能長久做下去了。

63

活用強項

無所事事的尼特族也開始報稅

——用「熱愛的工作」改變人生

我再次重申，「喜歡」和「擅長」的組合才是天職。

容易熱中於一件事情上，具有「阿宅特質」的人，如果能夠發揮常人模仿不來的專注力和持續力，就能找到天職，完成自我實現。

下面我要介紹的是真實故事，主人翁是我兒時的玩伴，名為巴可（化名，三十八歲）的男人。他腦袋聰明卻完全不想工作，十幾歲開始就棄絕資本主義，在京都鴨川畔過著仙人一般的生活。

他生於京大一家，父兄都是京都大學畢業，他自己則是好不容易才考上只考英文和論文的經濟學系，擠進京都大學的窄門。

人雖然不笨，但就是一副生無可戀的模樣，歷經長年的重考與留級生活，最後，他的第一份工作是到市公所當收垃圾的臨時工。

之後他輾轉當過電腦老師、鮪釣船漁工，住在房租一萬五千日元，沒有衛浴設備，甚至少了一部分牆壁的獨特房子裡，過著實質上隱居的生活。

巴可在完全偶然的機會下，遇到了能夠發揮才能的轉機。

學弟找我討論就職事宜的時候，剛出社會沒幾年的巴可正好也在場。在我跟學弟提及金融界的工作概況，巴可也開始對金融業產生興趣，在三十歲的時候向金融業叩關。

但是巴可沒有像樣的工作經歷，好不容易找到一家經歷不拘的謎樣中小型金融企業，而且還是非正式員工，身分極為不安定。

可是接下來就精彩了，一開始在股票交易上屢屢賠錢的巴可，對各種金融商品的交易方式開展橫向學習，從期貨、外幣、衍生性金融商品、做多賣空、對沖，一腳踏入不分日夜都熱中於交易的生活。

他本來就喜歡玩電動，這份工作的內容非常適合電腦阿宅，巴可說，他覺得這就和高中玩《三國志》的時候，制霸諸國、國力值提升同等興奮。

他原本對金錢就沒有什麼執念，所以賺來的錢一毛都沒有浪費，現在已經成為公司代表性的交易員，這三年來已經成為需要報稅的上班族了。

與其說是為了錢，應該說是他把交易所賺來的錢視為遊戲的分數，廢寢忘食的樂在其中。他說，如果沒有這份工作，他沒有活下去的自信，也沒有自信可以找到其他想做的事。

毫不迷惘，靠自己的強項與興趣吃飯的人真的很厲害。

即使是「交易獲利就跟遊戲得分一樣開心」這種別人很難理解的自我實現方式，對本人來說也是一種幸福。能夠找到自己「天職」，在自己熱中的事情上度過充實的每一天，是再幸福不過了。

平常只會玩遊戲打怪的阿宅們，很容易熱中於一件事情上，如果能夠讓他們迷上經濟活動，很有可能從失業的尼特族搖身一變，成為業界王牌。

今後，阿宅成為「經濟成長的第四支箭」也指日可待。

64

活用使命感

賭上「存在的意義」來工作

——找到自己「工作的理由」

「二十多歲的時候，我就開始思考自己身為韓裔加拿大人能做些什麼，這是自我認同的問題。」

在航空產業非常興盛的加拿大，在知名大學學習飛機引擎研發技術的安德烈（化名，三十二歲），就在既是加拿大人也是韓國人的身分上，不斷的自己探索，度過多愁善感的青春歲月。

北美的航空產業，不管是軍事或是民間，技術都很先進，安德烈在學習的同時，也深刻感受到自己的國家韓國的航空業，相較於北美，完全是幼稚園程度。因此，他深信，將在大學和在航空公司所學帶回韓國市場，是他唯一要做的事。

之後他在法國取得MBA學位，在耶魯大學碩士課程結束的時候，加入某知名跨國企業國際幹部養成計畫，擔任亞太地區飛機引擎買賣及租賃的職務。

他非常夠格在「一流的自我實現」的篇章中登場，每天都非常充實快樂，完全是自我實現的最高境界。

說到安德烈這個人，很容易被欺負，遲鈍、厚臉皮，每次聚會一定遲到三十分鐘。而且每次出差的時候，坐在商務艙一副處之泰然、若無其事的模樣，實際上卻在臉書貼文，小小的志得意滿。是日常生活中到處都很有哏的男人。

有點傻里傻氣的他，一談到自己的工作和航空業的話題，馬上就熱情洋溢，散發出讓聽眾絕倒的神采。

問他：「為什麼對工作這麼有熱情？」他回答了文章一開始的那段話，然後接著說：「我當然會全心投入這個工作，因為這是關乎自我認同和自我存在意義的問題。我想做的事情就只有這一樣而已。」一字一句都鏗鏘有力。

工作有使命感的人，理所當然會比只是混一口飯吃的人更加積極。因為有了明確的願景，想做的工作會一件接著一件出現，在公司裡自然也能得到好的評價。

像這樣對於自己為了什麼而工作了然於心的人，通常都是毅力驚人。為了國家、社會「擇其所愛，愛其所擇」的使命感，即使經過漫長時間，熱情仍然會一直持續下去。

安德烈在法國留學的時候，就曾經發出豪語，說將來要當上韓國交通部部長，將貧弱的航空行政提升到北美的水準。

一般來說都會認為這是吹牛說大話，但是看到他自信又熱情，讓人也忍不住鼓勵他：「如果你這麼想要做出一番大事業，那就放手一搏吧！」

深刻了解自己，找到動力的來源和「工作的理由」，是職涯自我實現的重要基本要素。

65

活用使命感

不忘初心
——找到自己價值觀的原點

「是什麼樣經歷，成為你努力的泉源、奮鬥的契機？」

「我在柬埔寨創立微型貸款，之後推展到斯里蘭卡、緬甸，未來要擴及到七十個國家，運用的資金規模為一兆日元。」沉穩卻有力的說出這段話的是我非常尊敬的慎泰俊先生（本名，三十五歲）。

他曾經在北韓就學，因為想學習財務金融，從朝鮮大學來到早稻田大學，白天打工晚上上課，經驗非常特殊。

根據他本人的說法，他家裡經濟狀況並不好。他想要改變現況，也為了找一份餬口的差事，所以非常想學習金融知識，雖然取得了早稻田大學的入學資格，但是卻繳不出學費。

如果一週內沒有匯款繳清學費，就會被取消入學資格，在那樣的緊急狀況下，平常從未為了家人而向別人低聲下氣的父親，有史以來第一次跟別人低頭，只跟他說了一句：「好好念書吧。」就把籌措來的一百二十萬日元學費交給他。

那個時候難以言喻的感謝與感激，成為了他的原動力。他說：「我想要建立一種金融機制，讓貧窮的人在必要關頭，能夠拿到改變人生的重要金錢。」

二〇〇六年，他在早稻田大學讀金融的時候，有機會到摩根史坦利打工，極為特例的工作表現受到好評，六個月就成為正式員工。

之後他進入超級知名的私募基金做了四年，離職的時候，同事、高層都給予「難以取代」的超高評價。然後在多方支援下，他成功在貧困國家創立了以前就很想做的微型貸款事業。

他預定在二〇三〇年募資一兆日元。

光聽到這個數字，可能會認為他在做白日夢，一般來說，如果在路上遇見這種麻煩鬼，看都不要看，直接往反方向快速跑掉。

但是，強烈的原始經驗所塑造的想法，力道之強，毫不動搖。宏大的願景，會喚起其他人想要幫他圓夢的心情。

世界上，有二十五億人處在需要的時候，無法得到改變人生的金錢的貧困階層。對於這個問題懷著強烈的意識，成為他之後人生的原點。雖然活動的形式有所改變，但是原點一公分都沒有偏離。

原始經驗的力量就是如此強大。

擁有強烈能量的原始經驗，不會因為途中有機會過好生活就怠惰下來，依然會朝著自我實現的目標前進。

不忘記自己原點的人，會將不動搖的信念轉化成遠大的志向。

66

活用使命感

從被解雇的職棒選手身上學到的事

——就算不是天職，也應該尊重工作

前面的篇章寫得都是「找到自己的天職」、「活用強項與興趣」、「不喜歡的工作就不要做」。

但是，我並不是說只有那些工作才值得尊重。這世界上也有不得不做的工作，但是在想法和意義上卻是不可或缺的工作。

「為了什麼而做」的目的性，比「做什麼」更重要。

例如，每年電視節目都會做「被解雇的職棒選手」的紀錄片，無關乎自己的適性或志向，他們完全是為了養家活口而努力，為自己的第二人生而打拚，這種態度也讓人尊敬。

很多人不管自己的適性為何，總之，就是為了生存、為了養家活口而拚命去做自己不喜歡、不擅長的工作。

在找到自己的天職之前，有些責任必須完成。

罔顧家人，懷抱著從音樂界或娛樂界出道的明星夢，認為「自己喜歡的事放在第一優先」，那完全是本末倒置。應該要先盡到自己的責任，才能談到天職。

也可以選擇在工作之外的領域完成自我實現。在現今多元的價值觀下，想要選擇慢活，也是個人自由。

當然，經濟上無法獨立，需要靠他人的資助，還誇口說自己選擇慢活，那是建築在別人辛苦的生活上，完全不可取。

但是，如果是在滿足「盡到自己責任」的前提下，選擇慢活人生，或是做不擅長或不喜歡的工作，都是個人自由。

天職不是設定目標就可以得到，**努力於目前的工作，它就有可能變成你的天職**。各行各業的高手達人，很多也不是一開始就獲得認同，認定那就是屬於他的天職。

因為偶然的機會入行，經過長時間的努力，做出比別人出色的成績，獲得好評，工作才慢慢成為天職的案例也大有人在。

應該也有人覺得一起工作的人，比找到天職更重要。

本書到目前為止都是為了擁有「想找到活用自己的強項與興趣的天職，做出一流的工作，實現自我」的人生志向的人所寫，但是我想要強調，我絕對不是勉強每一個人都過這樣的生活。

67

揭示願景

遠大的眼光與志向，會吸引人、錢、社會

——揭示自己的「社會責任」

「這麼做只會讓人覺得你是無良的禿鷹投資客罷了。要不要試著思考一下，你想要對社會有什麼貢獻，你自己的社會責任是什麼？」

在我還初出茅廬階段，一位知名投資家在談到一項商業計畫的時候，對我如此諄諄教導。

投資家裡面，也有想要支持新興事業的金主，他們早就不想要再追求財富的累積，而是希望自己的錢對社會有所貢獻。

「揭示社會意義，吸引人才和資金」，事實上是很多大企業極速成長的原動力。

一家十年來股價翻騰二十倍以上，達到數兆日元的服飾公司，原本只是地方上的小公司，卻能延攬到麥肯錫的王牌人才，達成奇蹟似的成長。前陣子，我有機會詢問這家公司一位經營董事箇中理由。

他是這麼說的：「我們的目標是讓公司成為大家心目中『日本代表性的企業』、『本世紀代表性的企業』、『最尖端的企業』，為了成為一流企業而努力，我們相信這麼做的價值，也很自豪，人才也因此聚攏過來。」

他對商品很有自信，也真心認為公司能夠成為世界翹楚，預定五年後營業額要成長到五兆日元，冷靜的倒推現在該怎麼做。

眼裡只有賺錢的年輕朋友們，如果你只是說：「我想靠這個致富！」那麼誰都不會想要幫助你。

如果沒有「想要解決某個問題」、「想要創造不一樣的社會」這種強烈的體驗，進而產生社會責任，人才和資金都不會靠近（當然也不能只有志氣高，符合現實的行動力與彈性的執行力也很重要）。

新創產業失敗者共同的問題就在於，在事業開始的時候，目光短淺，只想著賺小錢。

相對的，在競爭中早一步成為業界領導者的人，會透過事業找到社會意義，訂立遠大的志向，一開始就贏得先機。

68

揭示願景

任何人都希望基業長青

——以一流公司為目標，才會聚集一流的人才

你是不是也有注意到，最近不論阿貓阿狗都會喊出「要以世界第一的企業為目標」。

事實上我的朋友也是，「以世界第一的商業媒體為目標」、「以世界第一的旅行社為目標」、「以世界第一的娛樂公司為目標」等等，最近碰到的人好像都是以「世界第一」為目標。

為了營造尖端、先進的形象，說「想去太空旅行」、「想從事太空生意」的人也變多了。

詢問目標的規模，很多人都是說「三十年後要到達一兆日元」，好像如果不以世界第一、一兆日元企業為目標，就會讓人有不夠大器的危機感。那我也

要不負責任的說，這本書的版稅以「全宇宙一兆日元」為目標好了。

仔細了解事業內容，有部分的確有成為世界第一的潛力，例如像前面提到推廣微型貸款事業的慎先生。但也有的只能稱得上是東京第一，有的連港區第一、甚至是六本木第一都很勉強，大概只有「六本木一丁目第一」那種「住址」程度的人也不少。

但是公開宣示以「世界第一為目標」本身就有一定的效果。

事實上我也是受到影響，宣示「本書以世界第一為目標」。宣示「以世界第一為目標」，光是這句話，為了避免他人在背後指指點點：「真是瘋了，只有吹的牛皮是世界第一。」就會更加自律，更加努力。

總而言之，一流的人有成為第一把交椅的動力，具有「在某個領域絕對不想輸給其他人」的野心。

思考要怎麼做才能成為業界的翹楚，並列入公司的行動方針，持續進行改善。如此以一流為目標，才會吸引一流的人才。

在名著《基業長青》中提到：「不是先決定好巴士的路線，再找人上車；而是先找到優秀人才，再一起決定巴士要往哪個方向開。」

乍看之下說法好像顛倒，但是高遠的願景比微渺的願景更容易實現，也是很諷刺的事實。

在事業具體展開之前，能不能揭示遠大的願景，刺激人們的靈感，吸引到的人才素質也會隨之不同。

69

組織團隊

創造一個沒有你也可以運作的組織

——聚集比自己優秀的人，給予好的工作動機

「人啊，不論有多優秀，一個人的力量真的很有限。集合其他人的力量，才能做些真正有意思的事情。」

這是我共事過的人當中，聰明程度首屈一指的上司，在一場會議上的開場白。

在前面的篇章，我們一起思考了解自己，以及揭示願景的重要性。那麼，只會畫大餅，和能夠實際做出大餅來吃的人，「實現的能力」究竟有何差異？

光從「能不能找到比自己優秀的人」、「能不能吸引人才」、「能不能給予動機」就可以道盡。

能夠實踐願景的人，都是懂得借力使力，能夠延攬比自己優秀的人才，成為夥伴或顧問、員工，為自己的願景提供強而有力的支援。

善於用人的人，會特別用心在讓周圍的人得到好處。他們深知人不會因為單純心地善良就提供協助，因此，要建立長期的雙贏互惠關係。

即使最初的關係是由對方的善意開始，如果沒有長期的利益，大概也無法長久維繫。

換言之，人與人之間的合作關係，不能只是建立在短期的壓榨，而是要提出長期雙方都能互惠的模式，並誠實的執行。

共享願景並充分授權
——無法授權的組織不會壯大

想要創造強大的組織，能不能放手讓團隊成員自行判斷很重要。我很尊敬的一位主管曾經說過：「不能授權，就無法產生槓桿效應，成不了大事。」

要產生槓桿效應，必須讓共享願景的人能夠自動自發的行動。因此，擁有相同的願景、價值觀、理念很重要。

要讓團隊成員能夠自行判斷，就必須擁有作為判斷基準的「理念」。這份理念是不論遇到任何狀況都適用的標準。因此，要得到別人的幫助，重要的是要讓對方也一起思考願景。

討論的時候誘導對方說出自己的想法和想說的話。如果能夠充分發揮領導力，一起工作的人動力也會有所不同。

讓團隊覺得做這份工作不光是為人作嫁，也是自我實現，這點很重要。

領導者要創造自己不在也能運作的機制

領導者的角色與球員不同，領導者要揭示願景，並創造能實現願景的機制。

我很尊敬的一位經營者，他的過人之處在於他幾乎每天都沒有工作。但如果因此批評他怠惰，那可是大錯特錯。這是他創造出沒有自己也可以運作的機制的完美證明。

領導者的職責是揭示願景，處理顧客、員工、資金等資源的調度事宜，這不用我再多著墨，是經常會聽到的真實狀況。

其中也有用錯主管，導致不管投資或生意都落入無可挽回的地步。

勝負關鍵並不是戰略的好壞，而是人選的良窳。

球員要是動不起來，公司就無法運作。領導者應該做的事情是，創造可以實現願景的組織和機制。

70

組織團隊

讓夥伴得到好處，工作愉快，事業才做得大

我的母親南瓜夫人對於我的大小事都會過問，其中最常被唸的就是：「工作上即使自己有點損失，也要讓周圍的人得到好處，這樣事業才做得大。」

看看自家的親戚，事業長期成功的人，都是有誠信的人，不會只顧自己的利益。

她也時常苦口婆心的說，和其他人共事的時候，別忘了，有欲望、會計算得失的不是只有自己，對方也會有相同想法。沒有想到這個部分的人，說話經常會出爾反爾，完全突顯出「這個人無法共事」的形象。

的確，綜觀各個產業，事業規模大且廣受愛戴的領導者，都是讓人覺得「跟這個人一起工作不會被占便宜」，能給人安心感與信賴感。

相對的，有想法卻沒有人想追隨，甚至讓人敬而遠之，這種人的特色就是什麼利益都自己獨占，完全沒有想到要讓別人也得到好處。

市面上有很多投資基金，長時間營運狀況良好的，都是上位者會分紅給部屬。

對照那些曇花一現，之後卻逐漸分崩離析的組織，大多都是上位者獨占利益。

我的母親南瓜夫人勸戒我的話還有一句，就是：「事業做得大的人，會關照共事者的心情。」

他們能夠帶給別人工作動力，一句話就能激勵人心，讓對方產生「我願意為了你努力」的認同。

他們非常細心，對於共事者不吝給予讚美、感謝，溝通的時候也重視對方的自尊。

自己交辦的工作，他們絕對不會搶功說：「這些都是我做的。」而是會說：「謝謝你幫我做得這麼好。沒有你們，我根本辦不到。」尤其重視共事者的心情，會讓大家會覺得：「為了他，我願意努力！」

要讓他人產生工作動力，要做的事情還有很多。

需要仔細說明工作，讓對方了解工作為什麼重要。

要呈現出最努力的模樣，讓身邊的人有「想要追隨」的意念，這也是最基本的。人是邏輯思考、情感行動的生物，忽視情感元素，組織也無法緊密連結。

利用各種方式提高共事者的工作動機，營造出「願意為了你赴湯蹈火」的氛圍，才能借助他人之力實現自己的願景。

71

擁有割捨的勇氣

出家的菁英與私奔的菁英

——了解有比工作更重要的事情

「什麼？那個人出家了？」

這是新加坡某大型投資基金發生的真實故事。

以手段強硬而廣為人知的投資家安德魯（化名，四十八歲），是新加坡屈指可數的大型投資基金的創辦人。某天，他突然說要出家而辭去工作，公司不得不進行世代交替。

很多人會因為各種理由而放棄日進斗金的工作，不過出家實在有點太出乎意料。

因為令人吃驚的理由而拋開功成名就的事業，在這個世界上不只他一人。

中國知名經營者浦先生（化名），在募集到數百億日元的資金後，突然豁出去，寫信給投資夥伴們說他要辭職和外遇的對象一起生活，然後就拋棄一切，私奔去了。

在中國業界有什麼風吹草動馬上就會成為新聞，竟然還會發生像浦先生這樣，放棄年收入十億日元，跟四十多歲的女人墜入愛河的事件。

即使不像突然決定出家、突然拋棄一切私奔這麼極端，但是對於自己來說，了解有其他事物更勝於金錢和工作也非常重要。

說起來一言難盡，並不是工作就是人生，人生也不只是為了工作。

有些人非常幸運，熱愛工作，像女星川島直美一樣，直到生命結束的前一刻為止都還登上舞台，深信「身為女演員就是我人生的全部」，可以工作得很幸福。

數。

但是，想要重視人生，卻被工作追著跑，成為工作機器的人，絕對不在少數。

「你現在可以為了某個原因把工作辭掉嗎？」

問自己比工作更重要的事情是什麼，是當你想要不被過去的經歷所局限，不顧一切去追求時，不能忽略的基本問題。

72

擁有割捨的勇氣

解開「黃金手銬」

——如果只能再活五年，你想做什麼？

「什麼？那傢伙也辭職了？」

這是千禧世代的特徵。生於一九八〇年代中期到二〇〇〇年的千禧世代，在職涯選擇上更重視自我實現，他們大多做輕鬆且愉快的工作，工作時間不長，而且薪水高達幾千萬日元，但有不少人卻能很輕易的捨棄這種人人稱羨的工作。

他們換了年收入大幅縮水的工作，或是收入不穩定的工作。然後異口同聲的說：「我只是追求自己一直以來想做的事情罷了。」

我試著問其中一位：「為什麼要放棄收入豐厚、人人稱羨的工作？」

對方回答：「我從小時候就很清楚知道自己要做什麼。即使在高盛工作，如果是對自己未來目標很明確的人，就會累積必要的知識、人脈、技能，然後轉職。相對的，如果沒有喜歡做的事情、想做的事情，即使一直抱怨工作好無聊，也會因為高薪而走不開。這種人太多了，我才不想過那樣的人生。」（這種情況就像「黃金手銬」）

我有兩個朋友，在熱門公司招募上出盡風頭，年紀輕輕就加薪升職，但是在思考下一步要做什麼之前，就先把工作給辭了。

從她們的口中得知，即便對工作並不是那麼熱愛，也能做得有聲有色。

但是，因為表現太好，每天自動找上門的工作讓她們忙得不可開交，根本沒有時間好好思考自己想做什麼、適合什麼，所以就先離職了。

父母親當然勃然大怒：「怎麼可以做風險這麼高的事！」但是她們自然就脫口說出：「對我來說最大的風險就是一直待在公司，就此幸福終老。」

如果生命只剩下五年，你想做什麼？

我也有女性朋友突然離開知名金融機構，參加了祕魯的孩童志工計畫，選擇在利馬生活。

她對於「如果只能再活五年，你最想做的五件事，現在馬上去做」的忠告感銘在心。

她說，人會有錯誤的選擇，泰半都是肇始於「人生會無限延續」的幻想，缺乏緊張感。相反的，如果能對「時間有限」有深刻的認識，對於能夠賺錢、但是不喜歡的工作，就不會浪費那麼多時間了。

「自己的人生想要達成什麼目標？」「為了什麼而工作？」這些問題在找工作或申請留學寫自傳的時候，應該都有非常認真思考過，但是在漫長的人生裡仍然不斷的尋找自己到底想做什麼。

那就捫心自問吧，「如果只能再活五年」，有沒有什麼事情會讓你想要擺脫「黃金手銬」的束縛，無論如何都想要放手一搏？

73 佛陀和禽龍的教誨

‧‧‧‧‧‧擁有割捨的勇氣

我現在在緬甸蒲甘附近的大湖畔，一邊眺望美麗的佛塔，一邊寫這篇文章。

在撰寫「職涯生死觀」之前，我想先分享最近經驗帶給我的三個啟發，那是在印度的貧民窟、緬甸的寺院，還有讓人大吃一驚的禽龍化石。

前些日子，我在印度孟買最大的貧民窟「千人洗衣場」，緊握著皺巴巴書稿和筆，邊看稿邊散步。

眼前陰暗、緊密如壽司飯的建築物中，為數眾多的人們就生活在其中。沾了蒼蠅的魚就放在鋪於地板的報紙上販賣；瘦削的大叔轉動著腳踏車，利用轉動的輪胎來磨刀。走在路上，小孩和老婦人都會靠攏過來乞討。

就像本書一開頭所述，我在寫這本書的時候接觸了世界各地的人們，我都會一邊寫稿，一邊自問：「我現在寫的內容，對於眼前的人們有意義嗎？是通用性很高的書嗎？」

即便如此，來到了千人洗衣場，我想，即使翻譯成印度語，對他們來說都沒有用處。

這世上有一大半的人，工作、職涯或自我實現，對他們來說都沒有意義。有好幾十億的人，每天光是為了討生活就喘不過氣，思考自己在公司裡想做什麼、能做什麼，根本是癡人說夢。

相較之下，正在閱讀這本書的各位又是如何呢？

很多人都被迫長期做著稱不上有趣的工作，也有很多人感嘆為何人生如此辛苦。即便如此，還是要請你好好看一看，我們所處的是一個充滿機會的社會。

走過千人洗衣場等世界各地，深切感受到我們所在的環境有多好。可以簡單連上網路、可以讀書學算數，光是有「家」，就已經是人生的贏家。我希望大家能夠回想起，以世界的角度來看，你有多麼受眷顧，這是一個只要努力就能夠挑戰各種可能性的環境。

人依靠希望而生存。對於很多人來說，最痛苦的不是沒有錢，而是沒有希望。只要有希望，就有了前進的動力，就能夠積極的活下去。

很多人活在無法輕言說出希望的環境，但是不論如何辛苦，鼓勵自己保有希望，是為了得到幸福，自己應該擔負的責任。

常言道，「悲觀是心情，樂觀是意志」。

第二個啟發是在緬甸的寺院。

緬甸司雷寶塔有記載佛陀悟道的故事，影響了包含我在內很多人的人生觀。

佛陀在二十九歲的時候看到了老人、病人、死人，深刻體會到人生無法逃離生老病死之苦，在之後的六年間，藉由苦行領悟人生之道。

佛陀說，人生充滿苦難，萬事萬物都難逃變化、滅亡的命運。佛教教導人們如何在肉體、精神的痛苦中找到心中的平安，這些教誨當然也適用於職涯上。

不論工作或人生，只要有欲望就有無盡的煩惱。

佛教雖然有描繪極樂世界，但是心無罣礙的佛陀表情總是寧靜安泰，這種「快樂」，是從欲望中解脫才能領悟的境界。

偶爾在公司裡會看到放棄升遷，領悟「我不要再為工作賣命」的人。有了欲望，同時也要接受煩惱和痛苦。

對職涯很煩惱的時候，要體認到「人本來就會一輩子煩惱人生的目的和自己的使命」。只要先接受「除非是看破紅塵，出家修行，不然人生不可能沒有煩惱」，心情也會變得輕鬆許多。

最後第三個就是大家等了很久的禽龍先生上場。

我最近買了一個讓我深刻思考時間永恆的東西。某條路上，有一間店在賣上古時代的化石，我就買了禽龍的化石。

上頭標示是一億三千萬年前的禽龍，姑且不論真偽，如果我們從地球誕生於四十六億年前這件事來思考，可以推論這塊石頭在一億三千萬年前的確是以某種形態存在。

一億三千萬年，我們樂觀一點，假設自己可以活一百年，乘以一百倍，也才一萬年，還要再經過一萬倍以上，才會到達一億三千萬年。人生何其短暫啊！我們的人生，在幽幽的歷史長河中，僅是瞬間的電光火石罷了。

既然如此，難道你不想讓那瞬間的火花更加絢爛奪目嗎？想到這個層面，你就不會把時間花在無聊的事情上。不好好享受人生，不是太愚蠢了嗎？

我不是要大家也去買禽龍的化石，其實平常根本派不上用場，如果你想要的話，我很樂意把禽龍化石賣給你。

這段文章想要傳達的啟發，歸納為以下三點。

人生本就充滿苦難。但是我們擁有很多機會。人生苦短，不讓瞬間的火花光輝燦爛，反而把時間浪費在悲觀、消極的事情上，實在太可惜了。

擁有「人生一瞬」的人生觀，對於小事情就能一笑置之，自然會積極、樂觀的思考和運用時間。

自由挑戰

74 Now or Never

——現在不挑戰，以後也不會挑戰

「武貴，現在想做的事情，如果不馬上去做，絕對會後悔！我就是為了脫離舒適圈才去留學，如果現在又回到大公司上班，回到那個自己刻意逃離的地方，當初就沒有必要去留學了。」

在新加坡荷蘭村，一邊享用著週末的早午餐，一邊跟我熱烈閒聊的是來自埃及的天才程式設計師喬（化名，三十三歲）。喬曾經以ＩＢＭ軟體工程師的身分，在中東、近東、非洲等地工作了八年，之後到INSEAD留學，我們也才因此結識。

留學時代的喬是個大光頭，不知不覺間改變了髮型，留了長髮，還燙卷。平常上健身房也有了成效，肩膀寬厚得就像格鬥家「荷蘭毀滅者」阿里斯泰·歐沃瑞。

喬是天才型的軟體工程師，小時候玩電視遊樂器的時候有了「我想要做更有趣的遊戲」的念頭，就開始發憤學習程式語言。

受到父親在埃及的大學教授電腦的影響，專業書籍在家裡隨意可得。他受到父親和家裡書籍的影響非常大。

喬在IBM工作的八年間，升遷順遂，因為擔心自己就此滿足於舒適的生活，所以決定打破規範，到法國留學，我們也在那裡結識。

他收到很多像微軟、Google等充滿魅力的公司的工作邀請，但是他卻認為，如果又回到大企業，那根本不需要去留學，所以婉拒了所有的錄用。

喬非常堅定的跟我說：「要挑戰，就要趁現在。如果失敗了，再回到大公司就好，沒什麼風險。Now or Never。」如果現在不挑戰，以後也不會挑戰。

你是困在「舒適圈」？還是正準備展翅高飛？

這無關好壞，而是選擇的問題。自我實現欲望強烈的人，都是具有跳脫舒適圈的勇氣。

跨出第一步的勇氣，正是光說不練的人與自我實現的人的差異。

75

自由挑戰

不管幾歲都青春

——退休後仍持續挑戰的人們

這是我認識的一位前外交官的故事，他在六十歲的時候退休，之後竟然考上地方大學的醫學院，並成為史上醫師國家考試最年長的合格者。

他在非洲等開發中國家，深刻感受到當地醫療落後的窘境。外交官退休後，他並沒有過著悠閒的退休生活，反而開始準備醫學院考試。

雖然幾十年前的大學考試，他是以榜首之姿進入知名的首爾大學，但是到了六十歲，記憶力大減，準備考試讓他備感吃力。即便如此，他還是漂亮的考進不錯的大學醫學院，並為了取得醫師資格而努力。

這樣的故事不只有他一人。在這個世界上，很多人不管是六十歲或七十歲，仍勇於跳脫過往領域，從事新的挑戰，過得多采多姿。

有時候會看到最高齡司法考試合格者之類的報導，不管幾歲都為了高遠目標努力的人越來越多。即使退休，找到新的價值，持續挑戰的人也不少。

在我所知的資產家中，即使已經家財萬貫，也到了應該退休的年紀，卻還是有「過六十五歲再開一家新公司」的想法，充滿創業精神的度過花甲之年。

前些日子，在某商業雜誌舉辦的對談會上，有機會與一流的摔角手小橋建太先生見面。那個時候，我印象非常深刻的是他說的一句話：**「人不管幾歲都可以過得很青春。」**

他的人生傾注所有的心力在最愛的摔角上，終於到了退休的時候。但是人生的高峰卻沒有因此結束，只要願意向新的事物挑戰，不管幾歲都可以過得像青春時代一樣。

能夠打破自我框架的人，不會被「都已經到了退休年齡」、「現在做的事情完全是門外漢」之類的世俗眼光所限制。

能夠自我實現的人，不會躲在自己或他人設下的框架中，不管幾歲都可以過得很青春，就是這個意思。

76

自由挑戰

讓自己自由

——不要被世俗的眼光迷惑，誠實面對自我

「所謂的自我實現，不就是讓自己自由嗎？」

在東京新橋，偶然走進位於大樓一隅、魚料理非常美味的日式餐廳，我留學時代的好友瑪莉（化名，二十八歲）嘟噥了一句。

在本書撰寫接近尾聲時，我約了瑪莉，想請她給我一些建議，看最後要傳達什麼訊息給讀者比較適合。她不經意的一句話，正好切中我心。

「所謂的自我實現，我認為就是自由。人生經歷各種苦難、學習，累積了經驗，責任也隨之越來越重大，後半生也漸漸變得不自由。」

她說，不論是問五年前的自己、十年前的自己、二十年前還是小學生的自己，想做的事情和方向都一樣，那就是「讓全世界的旅行者開心」。

她成長於紐約這個國際大都會，經常和不同國家的人辦家庭派對，對她來說，生涯最高使命就是「以國際化的環境接待旅行者」。

她從小就夢想可以在家裡接待不同國家的人，這個目標一直都沒有動搖。

「想做的事」×「能做的事」×「社會期待的事」

在寫這個篇章的時候，正好有機會向日本最具代表性的創投家，也是我多年好友高宮慎一（本名，三十九歲）討教「自我實現的職涯」。綜觀跟我同一世代的人，職涯最充實、也最幸福的，就是高宮先生。

高宮先生任職於外商顧問公司時，對於工作內容不是建立於「想做什麼」，而是「能做什麼」感到非常煩惱。

之後他到哈佛商學院留學，雖然以「藝術設計專業顧問」起步，但事發展得並不順利。

但是在避險基金和創投的實習經驗中，他發現，培育企業成長的創投正是他想做、能做、也符合社會期待的工作。

高宮先生舉出完成自我實現的天職的三個要素：

① 自己想做的事

② 自己能做的事

③ 社會期待的事

天職就在文氏圖重疊的地方。

其中最重要的就是①，本來就應該以「自己想做事」為主軸來找工作。對一件事情的喜愛，你會比別人願意花更多的時間與精神，也能夠持續努力，自然能夠做出一流的工作品質。

事實上，這個文氏圖是哈佛大學一位知名教授提出的，我問他：「高宮先生，你這不是拾人牙慧嗎？」但是他說自己很早以前就曾經提出。

高宮先生表示，要找到能夠自我實現的工作，重要的是，必須長期從「喜歡的事情」中找到「能賺錢的事」，以及「符合社會期待的事」。

人生是「自我滿足」劇場

——相較於他人的期待，你更應該過屬於自己的人生

對於很多人來說，最簡單、純粹，卻又最難回答的問題就是：「你究竟想做什麼？」這種刨根究柢的問題。

所謂的自我實現，當然要知道自己的效用函數（自我滿足的決定性因素）。想要實現的事情也會隨著時間改變，如果沒有保持經常審視自己的習慣，就談不上自我實現。

人的判斷、思考、行動，很多時候都是周遭的人對你在職業角色上的期望，充其量只是一種角色扮演。因為他人的期待和自己的死心眼，雖然是自己的人生，但是能夠真正為自己而活的時間卻不多（當然，我們也必須尊重那些只回應他人期待、滿足他人期望就自我滿足的人）。

為了滿足他人的價值觀和期待而活，那又有誰會為了你自己的人生而活？如果不需要自己也能夠過活的人生，那又何需自我，隨便找個人來幫你過就好了。

「能夠察覺到對自己的人生來說什麼是重要的、什麼是幸福的人是贏家。」

以前我曾在電視節目上看到紐約的模特兒這麼說，聽了瑪莉和高宮先生的話，又讓我回想起來。

真正的自我實現，是讓自己自由，讓自己有追求幸福的自由。

現在，就摸著自己的胸口，問五年前、十年前、二十年前過去的自己，還有五年後、十年後、二十年後未來的自己：「你想做什麼？」

這本書如果能夠一個契機，讓你重視自己的人生，從事你最想做、最棒的工作，那是我最大的期盼與喜悅。

77

再補充一點

二流的我，和一流的各位相互連結

最後一點，還是要來寫寫印度的故事。

本章一開始是到德里參加婚禮，最後的一篇則是參加另一場婚禮，造訪孟買時所撰寫。這麼坦率，可能會給大家我一年到頭都在參加印度婚禮的印象，不過也未必有錯（順道一提，就在寫下這段話的同時，又有人邀請我今年冬天去參加在德里的婚禮）。

這篇文章是在盛大的婚禮中，最盛大的活動，包著頭巾唱著詩歌狂舞的隔天所寫。

我現在穿著印度傳統服飾，坐在孟買的泰姬陵總統飯店大廳，一邊聽著傳統古樂，一邊振筆疾書。這次我要讓大家更深入認識我在各個領域都很活躍的同學們。這個世界上真的有很多不同的生活方式，如何選擇是自己的責任。

這次來參加婚禮的成員們也是多采多姿，篇幅可能會有點長，但是為了要呈現多樣性，請容我一一介紹。

利安卡原本是顧問，現在則是希臘大型銀行董事長的親信，在經濟危機中成為領導者。安德烈在麥肯錫吉諾瓦辦公室擔任醫藥界顧問。珍娜在倫敦Google負責慈善事務。

卡魯洛在都柏林私人財富管理公司投資全世界的。菲利浦是澳洲人，卻在哥倫比亞避險基金工作。

露夏夫（我就是來參加他的婚禮）在孟買創業，成立建設不動產公司，後來還跨足經營機場VIP休息室。

卡里身為巴基斯坦人，很難入境印度，但是六次奔波大使館，保證每天都會去警察局報備的條件下來參加婚禮，目前住在新加坡的。

拉法葉是西班牙人，但中文流利，在中國的漢堡王負責事業擴張營運。卡里多是阿拉伯人，在中東的禮來藥廠擔任行銷。

塔尼耶魯是住在倫敦的奈及利亞人，從私募基金轉換跑道，要去非洲小學做公益創投（獲得比爾蓋茲等財團資助）。

安德魯是INSEAD第一名畢業，任職於英國投資公司的。

飛利浦是伊拉克裔英國人，在中東建立連結天使投資人及創投的平台。

還有最近參加印度人婚禮幾乎全勤的我——金武貴，除了我之外，大家都在各個領域都非常活躍。

前文有點長，但是只要打開視野，你會發現世界上有各式各樣的工作，還有很多人擁有的才華是你怎麼努力都比不上的。

無論才華或是努力的程度，我都比不上世界各地優秀的菁英，我把他們視為雲端專家，非常興奮能夠與他們連結，創造各種機會。

我想和讀者一起做的事

有一件事希望將這本厚厚的書仔細閱讀到最後的讀者們，務必跟我合作。

藉由本書，我想要達成的目的，是閱讀本書的各位能夠從事各種有趣的工作，創造出平行職涯。

寫這篇文章的前一天，我跟畢業於普林斯頓大學，任職於美商大型投資基金的澳洲友人傑克（化名，三十五歲）聊天。傑克說他最擔心的是到了五十歲的時候，變成雖然存款有十億，但是沒有想做的事情，也沒有興趣，除了工作以外什麼都沒有的人生。

「我工作的基金產業，搭上過去二十年成長風潮的創業者雖然成功了，但已經是很成熟的產業，再繼續做下去不可能有更大的成就。這是跟我一樣協理層級的人共同的課題。今後我會繼續在本業工作，但也想做一些即使賺不了錢，但是可以學習、可以感受社會意義、具有價值的工作。」

近年來，跟傑克有同樣說法的專業人士非常多。

長年以來，我從世界性的基金、顧問、金融、跨國企業、法律界友人那邊，得到很多有趣的專案，進行各種有趣的嘗試。最讓我吃驚的是，他們利用各自在本業培養的技能和人脈，以「自己想做×能做×社會期待」為基礎，進行著「自我實現專案」，大家看起來都非常開心，而且做得很有熱情。

對於「自己想做什麼」有深刻的自我認識，再集結「能夠對此貢獻技能、人脈、資源」的人們，就能為很多人提供自我實現的機會。

關於工作的常識，今後還會有很大的改變。將個人擁有的技能、見識、世界各地的人脈，以網路互相串連，組成團隊創業，推動各種專案的人會越來越多。

不要被公司的工作所局限，自由的活用自己的技能和興趣，雖然經濟效益難以預測，但是很多人自我實現的方式也多樣化了。

對於很多人來說，完成自我實現，是擁有一份可以快樂付出，並且感受到自己價值的工作，以及不僅是本業，包含了志工在內的平行職涯。

希望閱讀本書的讀者能夠從各種專案中找到可以實行的機會，我很期待。

（但是僅限於非常有趣又可以賺錢的工作喔！）

「一流的自我實現」重點整理

▼想做的事情都去做

㊾喜歡的工作都去做

你是不是也認為想做的事只能有一件？在這個時代，基本上要以平行職涯的概念，以多元的自我實現為目標。

㊿注意「菁英陷阱」

你是不是被世俗的眼光所囿？被他人的價值觀綁架來選擇工作，將無法過屬於自己的人生。

(61)天職永遠不會退休

你是不是擁有不會想退休的工作或興趣？熱中於自己所愛的事物，無聊的人生將與你無緣。

▼活用強項

62在可以贏的地方打仗

你是不是還在跟自己不擅長的科目搏鬥？喜歡卻不適合，對大家來說都是不幸。

63用「熱愛的工作」改變人生——無所事事的尼特族也開始報稅

你做的是「熱愛的工作」嗎？即使做的不是天職，擁有「熱愛的興趣」的人也很強。

▼活用使命感

64認同自己「工作的理由」

你對自己做的工作有認同感嗎？賭上「存在的意義」工作的人最強。

65不忘初心

你知道自己的價值觀、問題意識是源自何處嗎？「自我認知」的強度與「自我成功」息息相關。

66只有志向填不飽肚子——從被解雇的職棒選手身上學到的事

你是否執著於天職而迷失了優先順位？即使不是天職，還是有很多值得尊敬的工作。

▼揭示願景

㊿遠大的眼光與志向，讓人、錢、社會都跟著來

你有揭示自己的社會使命嗎？揭示更大、更新、更有社會意義的事業，才會得到更多人的聲援。

㊽不要輸在目標設定階段——任何人都希望基業長青

你有揭示遠大的目標嗎？以一流的企業為目標，才會聚集一流的人才。實際上能做出什麼成績，要看聚集了什麼人。

▼建立組織

㊾找到比自己優秀的人並充分授權——與他人建立長期互惠關係，藉由夥伴的力量發揮槓桿效應

你有找到比你優秀的人嗎？建立雙方長期互惠關係，把工作交給能幫你

打勝仗的人，創造一個沒有你也能運作的組織，這就是領導者的工作。

❼⓪高明的給予共事者動機和好處

你是否讓共事者也得到好處，開心的與你工作？用各種辦法讓共事者產生工作動機，是建立組織的重點。

▼**擁有割捨的勇氣**

❼①重視工作以外的人生——從出家和私奔的菁英身上得到的啟發

你有發現比工作更重要的事情嗎？人生除了工作之外，個人領域的成功也很重要。

❼②解開「黃金手銬」

你被差不多的錢、差不多的幸福給綑綁了嗎？如果壽命只剩五年，你想做什麼？

❼③人生會不斷煩惱是理所當然的——佛陀和禽龍的教誨

你有體認到人生苦短、生命無常嗎？讓人生如「剎那的煙火」，光輝燦爛吧！

▼**自由挑戰**

❼❹現在就去挑戰

你一直延後挑戰嗎？現在不挑戰，那麼永遠也不會挑戰。

❼❺年齡不是放棄的理由——從退休外交官的挑戰學到的事

你是不是認為退休一切就結束了？對於持續挑戰的人，不管幾歲都活得很「青春」。

❼❻讓自己自由

你是用世俗的眼光與「能做什麼」來選擇工作嗎？思考「想做的事╳能做的事╳社會期待的事」，選擇自己的人生主軸。

▼**再補充一點**

❼❼與世界的一流接軌

在雲端工作成為可能的現代，自己想做的工作，可以找到各種人才一起共事，平行職涯是最基本的概念。

後記

跑遍世界，一冊入魂

這篇後記是我懷著宏大的成就感，在香港太古廣場一家名為「奕居」的飯店一角撰寫。

跟往常一樣，我應該在飛機起飛前抵達香港國際機場（我已經被香港某航空公司放鴿子三次了），離飯店退房還有一點時間，所以就看我要花多久才能寫完這篇後記。

過去兩年我走過三十幾個國家，在世界各地寫稿，已經不知道繞地球幾圈，最後在香港撰寫這篇後記。

維多利亞港的湛藍美景與飲茶，尤其是美味的蟹黃燒賣，讓我文思泉湧。

我花了這麼多時間，傾注心力寫下本書，在最後應該傳達什麼訊息，在世界各地奔波時，我不斷在思考。最後想說的，簡而言之，就是祈願與感謝。

第一，請讓我帶大家回顧本書的內容。本書是以「最強工作法」為主題，將給予我很多啟發的世界各國商業領導者的工作方式、生活習慣、思考角度，有體系的集結於一冊。

為了做出最高水準的工作，本書廣泛涵蓋工作的「基本功」、「自我管理」、「心理素質」、「領導力」，還有「自我實現」的七十七個觀點，提出各種工作方式與自我實現的方式。

本書的內容很本質，也很具體，不是「雲端的理想」，而是「地上的現實」，將各個職涯階段可以實踐的工作法囊括在一本書中。

無關學歷或ＩＱ，工作能力可以強化，如果能多少提供一些「適合自己的最強工作法」的觀點，那本書的目的就幾乎就達成了。再者，如果本書能成為讀者們思考「想做的事╳能做的事╳必要的事」的契機，那就是我的榮幸了。

第二件想要拜託各位讀者的事情，就是能夠長期愛讀本書，與你重要的人分享，身為作者的我會感到非常幸運。

自我認同是從自己承諾什麼而決定。關於這一點，我承諾，我寫的是不管過幾年都歷久彌新，具有普遍性的內容。

如果本書能讓讀者「愛不釋手」、「想要與重要的家人、朋友、前輩、同事分享」，我不會喜出望外，而是如預期的開心。

我以一起環遊世界的心情，面對每一位閱讀本書的朋友。

未曾謀面的各位，可能是在福井縣電車中、東京都內躺在臥室的床上、京都某咖啡店喝著抹茶歐蕾，從書海中選中我的作品，願意把寶貴的時間用於閱讀這本書，我真的感到非常光榮。這些重要的工作方法，不論是在鄉下或是像我在世界各地的城市工作都會適用。

非常榮幸，這次我的書也有發行韓文版和中文版。

因此在執筆的時候，我是有意識的想像在首爾或台北的學校裡讀著這本書的大學生、在香港九龍灣站大樓讀著這本書的二十多歲年輕人、在上海CEIBS（中歐國際工商學院）的學生餐廳，一邊看著本書、一邊吃著美味餃子湯的翹課學生。

本書所寫的內容是超越國界與業界，所有一流工作的本質。我想像著各式各樣的讀者，撰寫的時候非常講究要讓大家在十年後、二十年後再拿出來看也不會覺得內容陳舊，還能快樂學習。所以不管推薦給任何人看，對方應該都會很開心。

對於自己喜歡的書或是重要的教科書，你一定不會只看一次就丟掉，相同的，也希望各位能夠長久愛讀本書，並與重要的朋友一起分享。

最後，本書的完成要謝謝很多人。

人會想要出人頭地、對工作特別講究，是因為抱持著對很多人強烈的感謝。

撰寫本書其實是超過兩年的浩大工程，同時也是非常快樂的一段時光。我自己所感受到、所學習到的一切的集大成之作，每次再回過頭讀這些文章，就會感受到當時的場景，浮現同事、部屬、上司的臉龐，對我自己而言是很棒的學習經驗。

我靠著非比尋常的心思，兩年多來筆耕不輟，終於完成這本書，感覺卸下了重擔，也有點寂寥。本書如果沒有各位，是無法完成的。

在本書進入尾聲之前，我想要感謝來自世界各地，親自指導我很多不足之處的上司，以及很厲害的部屬、同事。回想起來，我非常難得的，能夠跟這麼優秀的人一起共事，在有著美好文化的公司工作，真的非常幸運。

藉此機會想要感謝的人很多，最想要感謝的是本書的編輯，也是我大學時代的好友中里有吾。在修正原稿的時候，我總是不斷提出太過講究細節的要求，讓他的編輯工作似乎永遠沒完沒了。有時候我改得太過頭，惹他生氣，本來約好要一起去壽司店吃飯也無法成行。等本書發行之後，他龍心大悅，應該就會帶我去壽司店吧。

長年的友誼幾乎被消磨殆盡，好不容易一起完成了這本書，我由衷感謝。

還有提供我世界各地寫作素材，讓我度過人生黃金歲月的國際一流商學院INSEAD的朋友們，我要謝謝你們。給我這麼多學習的機會，在我所知世界最好的公司一起共事的各位，也會要感謝你們。

另外提起自己的親人有些不好意思，託大家的福成為暢銷書的《一流的教養》，以及我的出道之作《將世界菁英的工作方式整理成冊》，對我的文稿都非常嚴格指導的母親南瓜夫人，請容我在此也向她致謝。

她看到本書的文稿，會毫不留情的提供：「你太臭屁了，很惹人厭！」「這堆英文看不懂啦！」「你姿態太高了！」「只有一小部分的人才能很幸運的尋找自己想做的工作吧！」「你搞笑的方式只有一套，都看膩了！」等等批評。每次在亞馬遜看到很殘酷的評語，我都猜想是不是我老媽寫的。

最近我去拜訪未來的岳父大人時，也讓我很感慨亡父無法來參加我的婚禮，忍不住掉下眼淚。藉著報告此事之便，也想要感謝我的父親大老闆先生。

這個時候，香港國際機場大概又會開始廣播：「這是最後登機廣播，金武貴先生……」這次航空公司大概又會把我丟在機場飛走吧。

現在不是寫這些的時候，雖然依依不捨，我還是得趕快把電腦關了去櫃台辦退房。

在關掉電腦之前，還要感謝最不能忘的一位。

各位，謝謝你讀這本書。

我能夠持續自己熱愛的寫作，都是因為有你的閱讀。謝謝你讀我的作品。

期待下一本書再相逢。

二十一世紀前半的某個星期天　金武貴

（我希望這本書能夠好幾十年都受到喜愛，所以日期就這樣寫）

世界一流菁英的77個最強工作法—— IQ、學歷不代表工作能力，是習慣和態度讓人脫穎而出！／金武貴著／張佳雯譯 -- 初版 .-- 台北市：時報文化, 2018. 10
352 面； 14.8×21 公分
譯自：最強の働き方——世界中の上司に怒られ、凄すぎる部下・同僚に学んだ77の教訓
ISBN 978-957-13-7584-7（平裝）
1. 職場成功法
494.35
107017778

SAIKYOU NO HATARAKI KATA by MOOGWI KIM
Copyright © 2016 MOOGWI KIM
First Published in Japan in 2016 by TOYO KEIZAI INC.
Complex Chinese Character translation copyright © 2018 by China Times Publishing Company
Complex Chinese translation rights arranged with Veta,Inc through Future View Technology Ltd.
All rights reserved.
原書由日本東洋經濟新報社出版

ISBN 978-957-13-7584-7
Printed in Taiwan.

BIG 297

世界一流菁英的77個最強工作法

——IQ、學歷不代表工作能力，是習慣和態度讓人脫穎而出！

最強の働き方——世界中の上司に怒られ、凄すぎる部下・同僚に学んだ77の教訓

作者　金武貴｜**譯者**　張佳雯｜**副主編**　劉珈盈｜**美術設計**　陳文德｜**排版**　吳詩婷｜**執行企劃**　黃筱涵｜**董事長**　趙政岷｜**出版者**　時報文化出版企業股份有限公司　108019台北市和平西路三段240號1-7樓　**發行專線**—(02)2306-6842　**讀者服務專線**—0800-231-705．(02)2304-7103　**讀者服務傳真**—(02)2304-6858　**郵撥**—19344724時報文化出版公司　**信箱**—10899臺北華江橋郵局第99信箱　**時報悅讀網**—http://www.readingtimes.com.tw｜**法律顧問**　理律法律事務所　陳長文律師、李念祖律師｜**印刷**　紘億印刷有限公司｜**初版一刷**　2018年10月26日｜**初版七刷**　2022年3月10日｜**定價**　新台幣380元｜缺頁或破損的書，請寄回更換｜時報文化出版公司成立於1975年，並於1999年股票上櫃公開發行，於2008年脫離中時集團非屬旺中，以「尊重智慧與創意的文化事業」為信念。